U0163169

非静压水波模型理论及应用

张景新　编著

上海交通大学出版社
SHANGHAI JIAO TONG UNIVERSITY PRESS

内容提要

非静压水波模型通常被视为对浅水长波方程所满足的静压模型的一种修正,在经典水波理论及其数学模型的论述中鲜有提及。本书内容可概括为三部分,首先从水波运动的理论角度,梳理非静压水波模型相关的理论基础,辨明其与浅水长波的静压模型的差异性。其次,针对非静压水波模型通常采用的预估-校正数值方法,阐述非静压模型与浅水长波的静压模型在数值求解过程中的内在关联。最后从应用角度阐述及验证了非静压模型的适用性,其不仅适用于海岸带的波浪运动的数值模拟,也适用于复杂边界约束条件下带自由表面的水流运动、流固耦合运动等的数值模拟。

本书力图阐明非静压水波模型的理论基础、验证数值方法的可靠性、分析模型的适用性,希望为非静压水波模型的拓广应用添砖加瓦。

图书在版编目(CIP)数据

非静压水波模型理论及应用/张景新编著.—上海:
上海交通大学出版社,2021
ISBN 978－7－313－25038－4

Ⅰ.①非… Ⅱ.①张… Ⅲ.①流体静压力－水工模型
Ⅳ.①TV131.61

中国版本图书馆 CIP 数据核字(2021)第 113738 号

非静压水波模型理论及应用
FEIJINGYA SHUIBO MOXING LILUN JI YINGYONG

编　　著:张景新
出版发行:上海交通大学出版社　　　　　　　地　　址:上海市番禺路 951 号
邮政编码:200030　　　　　　　　　　　　　电　　话:021－64071208
印　　制:上海新艺印刷有限公司　　　　　　经　　销:全国新华书店
开　　本:710 mm×1000 mm　1/16
字　　数:239 千字
版　　次:2021 年 7 月第 1 版　　　　　　　印　　次:2021 年 7 月第 1 次印刷
书　　号:ISBN 978－7－313－25038－4
定　　价:98.00 元

前言

　　绿树掩映下，微风吹拂湖面，生成片片涟漪，热带气旋掠过海面，引起了惊涛骇浪，虽然感观各异，但这些水流运动均可归结为带自由表面的水波运动。水波运动的研究历史悠长，吸引了众多数学家、物理学家、力学家为之奋斗。水波运动的研究也助推了某些相关科学问题的研究，其中最著名的当属孤立波的研究。孤立波的研究首先来源于水波运动的观察及探究，继而推动了非线性科学的发展，即孤立子理论。孤立子起源于孤立波，并已在非线性光学、生物学、等离子体及光纤孤立子通信等一系列高科技领域有了令人瞩目的应用。

　　水波理论以其发展历史为脉络，经历了线性水波、非线性水波研究的进阶之路。水波问题的研究成果丰硕，其中不乏经典著作。水波理论多种多样，理论模型各异，往往使初学者眼花缭乱。分析各水波模型的差异性，大体上表现在两个方面，其一为对波动非线性特征的描述精度，其二为对波动色散性特征的描述精度。水波各模型的差异性也受到当时科技水平的限制，包括数学分析手段、计算技术的先进性等。水波模型的发展及应用除受基础理论的发展水平限制以外，为满足实际工程应用的需求，水波模型的提出及发展还具有针对性。工程需求往往带有针对性、时效性，在认知水平有限、技术条件掣肘的情况下，为了适应急迫的工程需求，研究者发展出的水波模型也具有针对性。因此，各类水波模型往往需要注重计算效率与计算精度的有机结合。

　　浅水长波模型因其特定的理论基础及广阔的适用条件，在众多水波模型中受到了广泛的关注及应用。浅水长波模型的缺陷明显，为提高模型的模拟能力，众多研究者提出了若干修正模型，其中最著名的当属布西内斯克（Boussinesq）方程。同样以提高浅水长波模型对波动色散性的模拟能力为目标，非静压模型的建模思路不同于布西内斯克方程，它理论上属于纳维-斯托克斯（Navier-Stokes）方程，数值求解采用压强分裂技术，即将流动压强分为静压和非静压两部分。非静压模型的提出是继静压模型之后，其较早的数值求解方法借鉴了静压模型的相关技术,故称其为非静压模型,凸显了其模型特点及其发展历程。

非静压模型主要是数值求解过程,并不能称其为一种严格的理论模型,称为水波的数值求解模式似乎更为恰当。非静压模型的理论基础是纳维-斯托克斯方程,较之传统的纳维-斯托克斯方程的数值求解,差别仅在于对压强的分裂。总压强分裂出的静压成分具有特定的物理含义,而不仅仅是计算过程中的预估流场值。同时,在自由表面捕捉等方面,借助垂向坐标变换等技术,计算效率有所提高。非静压模型虽然起源于静压水波模型,但其应用范围可以拓展至静压假定不再成立的任何自由表面水流运动的数值模拟,如地形陡变条件下的明渠流动、水流绕结构物流动、水下射流、变密度流动等的数值模拟。总体而言,非静压模型属于一种小众的水波模型,有其特殊的适用性。合理发挥模型的长处,可为海洋、海岸、河口、河流、湖泊等带自由表面水流运动的研究提供一种数值模拟的技术手段。

本书旨在尽可能系统地总结非静压模型二十余年的发展,梳理其理论基础,概括模型的适用条件,明确其优势所在,并结合笔者多年来关于非静压模型开发的研究经验,将其形诸笔端。相关研究工作受到了如下项目的资助:国家自然科学基金"海上风力机支撑结构局部冲刷的动力机制及基于流动控制的防冲刷技术研究"(项目编号:11572196);国家自然科学基金重点项目"海啸力学及其在南中国海的应用"(课题编号:11632012);国家重点研发计划"超大型海上风电机组整机、部件、基础一体化设计技术"(课题编号:2019YFB1503700)。本书的出版得到了上海交通大学刘桦教授的大力支持,笔者由衷地表示感谢。多年来笔者所指导的研究生们也在相关工作中付出了辛勤的汗水,在此表示真挚的谢意。

本书并非水波理论基础的论著,仅限于一类带自由表面波动的数值模拟方法的研究。若能以绵薄之力为相关研究工作添砖加瓦,将甚感欣慰。鉴于笔者学识有限,认识及实践工作中难免存在偏颇之处,敬请读者指正。

张景新

2020 年秋

于上海交通大学

目录

第 1 章

绪 论

　　水波是一种常见的地表水流运动状态,是一种美妙的物理现象,同时蕴含着丰富的力学知识,吸引着众多研究者为之努力,如 Mei C. C.(1992)和 Dean(1970)发表了相关研究成果。在历史的长河中,水波问题的研究伴随着物理、数学等学科的发展及相关计算技术的进步,经历了模型从简至繁的过程。这里所谓的"简",是指受限于研究手段,数学模型进行了简化;"繁"是指描述水波的数学模型的完整性。水波既能体现物理、数学问题研究的精妙之处,同时也有迫切的工程需求。

1.1 水波模型简介

　　水波是自然界中地表水流的一种常见运动状态,很早就引起了人们的关注。水波的研究起源于人们对潮汐运动的直观认识(Cartwright,1999),之后逐渐形成了对潮汐运动的理论描述,然后拓展至更一般意义的线性水波理论。伴随着数学工具、计算机硬件的提升和数值计算技术的发展,研究者提出并不断完善了非线性水波理论。非线性水波理论的提出不仅深化了人们对波动现象的认识,同时更好地满足了工程建设的需求。

　　人们对潮汐运动最初的感性认识始于 14 世纪,而理论上的探索成形于 17 世纪上半叶,提出了几个较有影响力的潮汐流理论。这些理论包括英国物理学家吉尔伯特(Gilbert,1544—1603)的惯性理论,意大利物理学家伽利略(Galileo,1564—1642)的惯性理论,法国物理学家笛卡儿(Descartes,1596—1650)的旋涡理论等。严格意义上的潮汐流动的数学模型是由牛顿(Newton,1642—1727)于 1687 年建立的,称之为平衡潮理论。牛顿建立的平衡潮理论原理上无误,但做了过多的简化假设,对于实际天文潮运动的描述存在定量上的不足。

　　牛顿的平衡潮理论建立了天体引力与地表潮汐运动的量化关系,以此为理论基础,一些学者进行了更深入的研究。其中,欧拉(Euler,1707—1783)发表的论文《关于海洋涨潮和退潮的物理研究》首次建立了潮汐运动与力场的量化关系。同时,欧拉建立的流体力学的理论体系也为进一步完善潮汐理论和水波理论做出了至关重要的贡献。

平衡潮理论可以解释部分潮汐现象,但只有在流体力学分析方法得到了技术上的革新之后,才对更加复杂的潮汐运动建立起了更加完善且合理的数学模型。更进一步,相关研究拓展至对更一般的地表水流波动问题的研究。法国数学家拉普拉斯(Pierre-Simon de Laplace,1749—1827)从流体动力学原理出发,建立了潮汐的动力理论,并且进一步发展出了线性长波理论。拉格朗日(Lagrange,1736—1813)于 1781 年成功导出了线性水波方程及其浅水波解。之后,柯西(Cauchy,1789—1857)、泊松(Poisson,1781—1840)进一步发展了线性水波理论。线性长波理论的应用范围非常广泛,其很好地描述了一大类的水波运动问题。随着对自然界水波运动物理本质探求的热情和工程需求的增长,同时得益于数学工具及计算技术的进步,水波的研究进入了非线性水波理论研究的快速发展期。

可能是机缘巧合,非线性水波理论的发展始于人们对"孤立波"现象的观察,许多科学家试图从数学上解释这种现象。1839 年,英国数学家乔治·格林(George Green,1793—1841)以线性长波方程给出了孤立波的第一个数学解。英国科学家艾里(Airy,1801—1892)建立了非线性水波理论,数学家斯托克斯(Stokes,1819—1903)建立了深水波理论。斯托克斯在 1846—1847 年间对孤立波进行了一系列的研究工作,提出了波形函数等数学描述。之后,在 19 世纪 70 年代,一批科学家以出色的研究工作极大地推动了孤立波的研究。法国科学家布西内斯克(Boussinesq,1842—1929)首次推导出永形波的数学描述。之后,布西内斯克建立了第一个非线性色散波的传播方程,该数学方程隐含了描述孤立波运动的标准方程,即 KdV 方程。1876 年,英国科学家瑞利(Rayleigh,1842—1919)独立地推导出了一个与布西内斯克方程等价的方程,并求出了孤立波解。1895 年,荷兰数学家科特维格和德弗雷斯在寻求 KdV 方程一般解的过程中,得到了一种新型的长波,即椭圆余弦波(cnoidal wave),它是一种非线性水波模型。各种经典波浪理论的适用范围如图 1.1 - 1 所示。

非线性水波求解技术的发展史伴随着数学理论和计算技术的发展。以数学理论为基础,引入两个小参数 $\alpha = a/h$ 和 $\varepsilon = h^2/\lambda^2$ 描述波动的非线性和色散性,通过摄动展开法,获得了不同精度的波动解析解。这些理论分析的先行者是 Stokes,之后伴随着计算机的推广应用,使大规模计算成为可能。借助计算机的

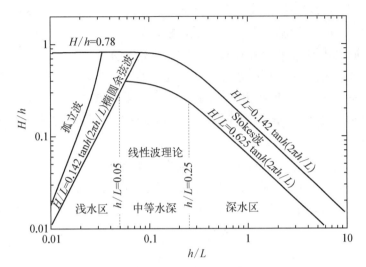

图 1.1 - 1　波浪理论适用范围(H 为波高；h 为水深；
L 为波长。)(Muir Wood, 1969)

计算技术,研究者获得了 Stokes 波的众多高阶解(吴耀祖,2001)。

水波经典理论林林总总,通常可划分为针对微幅波的线性波理论和针对有限振幅波的非线性波理论。非线性波理论中具有代表性的有 Stokes 非线性波理论、孤立波理论、椭圆余弦波理论等,还有众多的改进的非线性波理论。上述的水波分析理论均受限于一定的假设条件,概括为两点:① 波动的非线性的描述精度;② 波动的色散性的描述精度。如 Boussinesq 水波模型即受限于弱非线性、弱色散性的假设条件,而线性水波是基于线性化的自由表面约束条件。

经典的水波理论基本都是基于无旋、无黏流的假设条件。设定平底地形,通过解析方法(摄动法等)获得波动变量的函数表达式,包括波形函数、流速分布函数、压力分布函数等。这些水波理论给出的是稳态波动解,可归为解析解一类,其本质上是水波运动数学描述方程的某种特定解。对于地形变化复杂、绕结构物流动等问题,波动现象的解析描述尚存在困难。

完全解析的方法适用于简单约束条件及理论上简化的假设条件(余锡平,2012)。相较而言,数值模拟技术的发展为水波运动的求解提供了另一种强有力的技术手段。仅从理论分析的角度考察,在数值模拟精度得到保证的前提下,任何复杂约束条件下的水波运动均可获得数值解,即可获得波动变量的时空离散解。数值解归结为对控制方程的直接求解,依据控制方程的不同架构,数值求解水波运动大体上可分为四种:① 缓坡方程(mile-slope equation,MSE);② 布西内斯克方程(Boussinesq equation);③ 拉普拉斯方程(Laplace equation);④ 纳维-斯托克斯方程(Navier-Stokes equation)。针对水波运动问题,采用不同的数学描述(需要满足适用性条件),通过数值模拟的技术手段求解,可以称之为水波求解的不同模式理论,以区别于传统的水波理论的称谓。

上述各种水波理论或模式,多是针对波动的时空演化进行直接求解,获得波动变量的时空分布,称之为"相求解(phase-resolved)"模型。与之相应的水波模型称为"相平均(phase-averaged)"模型。"相平均"模型大抵是随着风浪的研究发展而形成的。

海面上空因气温、气压和空气的流动引起水面的波动。不同于传统的波浪理论对水波运动的描述,风生浪更复杂多变,随着风吹的时间和风区范围的增加而逐渐增强。同时在近海岸水域,变化的地形、出水岛屿等对风浪的演化影响显著。风浪生成及演化的理论研究及预报手段的研究始于 Helmholtz(1888),之后吸引了大批科学研究人员,主要有 Phillips(1957)提出了风浪的共振机制、Miles(1957)提出了剪力流理论。针对迫切的工程需求,国际上实施了大型风浪的现场观测计划(Hasselmann,1973),即 JONSWAP(joint North Sea wave project)计划项目。通过对实测风浪资料的分析,形成了风浪谱,同时发现风浪中的某些频率的波动并不直接从风场吸收能量,而是来自波浪的相互作用。实际的工程应用需要从风场资料推算风浪特性,常用的推算方法主要有两种:示性波法(significant wave method)和波谱法(wave spectrum method)。示性波法主要建立了风场参数与风浪特征参数之间的经验关系式,即风浪波高、波周期等参数与风速、风域和风时等参数的量化关系表达式。该方法可以给出海域某处的风浪参数,计算简单快捷,但并不能反映风浪的时空演化。波谱法是对不规则风浪的波动过程用能谱表示,将风浪视为各种不同波频的规则波的组合,各成分波的能量时空分布以波频和波向表示。波谱法通过对控制方程的数值求解,可以获得波浪能量的时空演化,同时计入了地形变化、波的相互作用、风能输入、岛屿阻碍物的影响等,较好地反映了海洋风浪的实际状况。波浪谱模型并不能描述波浪某个独立相位的流动特征,属于一种特殊的时间平均过程的描述,故对空间网格分辨率的要求不高(较之"相求解"模型),适用于大尺度的海洋风浪场的数值模拟。

如前所述,谱模型是针对大尺度波浪运动发展起来的一种高效数学模型,至今已得到了广泛的应用。从能量平衡入手,可以方便地在波浪模型中引入诸如风能输入、波浪破碎引起的能量耗散、白浪及底摩阻引起的能量耗散等物理现象,这也正是谱模型的优点之一。Dalrymple et al.(1984,1988)模拟海岸带的波浪场时,采用波能守恒方程,计算过程简单易行,得到了较好的模拟效果。适用于海岸带及河口区的波浪谱模型至今得到了长足的进展，已经发展出了许多大型的计算软件，如适用于近海域的 SWAN 模型，适用于远海域的 WAM 模型。

　　谱模型不能反映波动的详细过程，对于某些流动现象的模拟也存在不足，如波浪反射、绕射的模拟等。如何对风浪谱模型做进一步的改进，以更好地考虑波浪绕射（反射）现象是需要解决的一个重要问题。Holthuijsen et al.（2003）对在波浪能量谱平衡方程中引入波浪绕射模式做了初步的研究。他从缓坡方程入手，分析绕射现象发生时波浪要素的变化，进而将之转化为波浪能量的变化，引入到波浪能量谱平衡方程（SWAN）中。通过典型算例的验证，表明该处理方法具有一定的模拟精度。

　　波浪模型的一个显著特点是各模型的理论基础不尽相同，应用范围各异。对于河口、海岸带的实际水域，鉴于计算能力的限制和模型简化的前提条件，各种模型或多或少存在着某些局限性。摒弃无旋流假设、非黏性假设、弱色散性假设、弱非线性假设等限制条件，水波运动的数学描述则可由一般的 Navier-Stokes 方程给出。基于该流体运动的控制方程，理论上任何水波运动均可借助于数值模拟加以描述。只要计算的硬件资源足够，软件开发完善，数值算法足够精确，均可借助计算机"死算"得到数值解。但有两点需要加以区分，第一是计算效率，第二是直接数值模拟的可行性。某些工程问题并不需要非常高的精度，但对计算效率有较高的要求，故理论模型往往比直接数值模拟更能适应实际需求。而某些工程问题非常复杂，无法借助理论分析完成，但直接数值模拟的计算资源需求过高，尚无法借助直接数值模拟加以解决。对于无法直接数值模拟的情况（这里指基于 Navier-Stokes 方程），如海岸工程的实尺度模拟，大洋尺度的风浪直接模拟等，则需要对数学模型进行简化。针对"简化"的水波模型，以下仅侧重对静压模型和非静压模型做进一步的概述。

1.2　静压水波模型

　　关于水波运动的研究，实践中发展了众多的理论模型，其中浅水长波模型是经典理论之一。浅水长波理论的基本假设是波高与水深比为小数值，同时水深与波长比也为小数值。基于浅水长波的理论框架，完全忽略了水波的色散特性，故又称为非色散波。相关著作把补充了水波色散性数学描述的 Boussinesq 理论模型归入浅水波理论（余锡平，2012），本书所指的浅水波理论仅限于完全忽略色散性的水波描述。非色散的浅水波模型建立在静压假定的基础之上，故称为静压水波模型,以区别于非静压水波模型之称谓。

抛开静压模型的理论发展及其经典研究案例,以下仅对其在大尺度的地表水流运动的模拟方面做一简述。伴随着海洋资源开发及水运水利工程建设的需求,河口、海岸地区的水环境研究已经得到了很大的发展。物理模型试验是近代水运及水利重大工程研究的基本手段。物理模型试验追求最大限度地复原天然物理过程。但通常存在一些难以克服的问题,其中之一即是空间尺度的变率问题。河口、海岸地区物理过程的空间尺度在水平和垂向上相差很大,物理模型在水平及垂向上通常采用不同的比例尺,致使模型所反映的流动失真。此外,实验室中所模拟的物理过程的某些流动条件难以如实反映实际情况,如潮流边界条件、风场分布条件等较天然情况有一定的差异。虽然存在上述问题,但物理模型实验仍可为工程建设提供较可靠的保证,并在重大工程建设中发挥重要作用。始于 20 世纪 60 年代中期的流动数值模拟,除具有耗资低、速度快、修改灵便等优点外,还具有物理模型技术难以甚至不能达到的解决问题的能力,因而其应用已日益广泛。随着高性能计算机的发展及河口海岸动力理论的不断完善,国内外采用数学模型研究河口、海岸工程越来越普遍,并逐渐为工程界信任和采纳。

一般而言,河口与海岸潮流数学模型可分为基于 St.Venant 方程的一维模型、基于水深积分方程的平面二维模型、基于侧向积分的剖面二维模型以及三维数学模型。一维模型和二维模型的数学提法相对较简单,且在一定程度上能反映河口与海岸基本流动规律,因此在 20 世纪 70—80 年代得到了广泛的研究和应用。以水深积分的平面二维模型为例,Leendertse et al. (1973)基于直角笛卡儿坐标系下的控制方程、应用交替方向隐式技术(Alternating Direction Implicit,ADI)成功地实现了潮流的数值模拟,人们对这类平面二维数学模型进行了广泛研究。Abbott(1979)及 Stelling(1984)曾对此做了很好的总结。我国在这类二维数学模型的研究与应用方面也取得了一些有特色的成果。

河口与海岸环境中的流动受限于复杂边界及变化的底床,具有明显的空间三维特征。从理论上讲,可以从纳维-斯托克斯方程出发建立三维潮流数学模型。但受计算机容量和性能的限制,对大尺度潮流场进行精细的三维数值模拟尚有一定的困难。通过尺度分析发现,近海潮流运动的水平尺度远大于垂向运动尺度,忽略垂向加速度,垂向动量方程则退化为静压方程。在该静压假定的条件下,潮流运动方程得到了极大的简化,各种计算方法应运而生。Leendertse(1973)的工作具有开创性,他在垂向采用固定分层的方法,即将计算水域划分为固定的多层,每层中沿水深积分使之成为二维问题,并用 ADI 格式进行数值离散。采用这一方法的实际应用很多,如 Shankar et al. (1997)采用交错网格计算了风场、密度流及潮流流动;Chao et al. (1999)计算了海岸潮流流动。为了更好地模拟河床地形的变化,许多学者将 Philips(1957)提出的 σ 坐标变换应用到河口、海岸的三维数值模拟中,精确拟合自由表面和非平坦的床面。以普林斯顿大学(Princeton University)的 Mellor 教授为首的海洋动力环境数值模拟小组从 20 世纪 80 年代开始一直致力于三维数值模型的开发与应用,其代表性软件普林斯顿海洋模型(Princeton ocean model, POM)即在垂向上采用 σ 坐标系,在水平方向上采用正交曲线坐标。为了提高计算效率,POM 采用了模态分裂法,将带自由表面的三维流动问题分成表面波的传播问题和内波的传播问题。由于天然流域岸线复杂,笛卡儿坐标系下的计算网格对岸线的描述存在较大误差,而曲线坐标能较好地拟合岸线,并且在计算网格的疏密安排上较灵活,对于大区域流场计算非常适合。Wang(1994)将笛卡儿坐标系下的浅水方程变换到了曲线坐标系下,并计算了美国加尔维斯顿(Galveston)海湾的潮流流动。在 Wang(1994)的工作中,采用的是非正交曲线坐标。Borthwich et al. (1992)也将浅水方程以非正交曲线坐标描述,采用 ADI 法数值求解。非正交曲线坐标系下的方程数值求解对计算网格的质量要求略低,但方程形式复杂;而正交曲线坐标系下的方程形式相对较简单,但要求计算网格有较高的正交性,网格生成难度加大。Sheng(1987)建立了一般曲线坐标下的三维水动力学模型(CH3D),该模型也采用 σ 坐标系,水平方向的运动方程采用流速矢量的逆变分量来表示。国内外许多大型潮流计算软件通常也采用同样的坐标变换方法,如荷兰 Delft 水力研究所开发的潮流计算软件就采用 σ 及正交曲线坐标。Abbott(1997)和 Davies et al. (1997)对三维潮流数学模型的研究进展做了回顾。

为了满足我国大型河口研究和重大整治工程建设的需要,国内学者近几十年来对河口三维水动力数学模型的研究给予了极大的投入。易家豪等(1983)采用与 Leendertse(1973)类似的固定分层方法,建立了较简单的数值模式,对长江口南槽和口外海域做了三维数值模拟。韩国其等(1990)采用 σ 坐标系和算子分裂技术建立了三维潮流数值模型,并采用了 k-ε 湍流模式计算涡黏性系数。窦振兴等(1993)采用 σ 坐标系和模态分裂法对渤海湾的三维潮流做了数值模拟。宋志尧等(1998)基于模态分裂法和 ADI 格式建立了三维潮流的计算模式,并应用于海岸辐射沙洲的潮流场分析。卢启苗等(1995)和李孟国(1996)也报道了三维潮流数学模型的工程应用。Zhan et al. (1998)应用大涡模拟技术建立了近海三维流动数学模型,较好地反映了台风过境时中国南海的风吹流流场。

静压假定在河口、海洋、湖泊等流场的数值模拟中已经得到了广泛的应用,并取得了很好的成果。许多成熟的软件,如 POM、Delft3D(荷兰水利研究所)和

MIKE(DHI 公司)均采用了静压假定。静压假定的基本思想是流动的垂向尺度远小于水平尺度,垂向动量方程中的加速度项与重力项相比较可以忽略不计。经过如此处理使计算量明显减少,并且可以得到满足一定工程需求的模拟精度。

1.3 非静压水波模型

静压水波模型(浅水长波模型)保留了波动的非线性特征,但忽略了对波动色散性特征的描述,理论上仅适用于缓变地形条件下的浅水波流动。在传统的浅水长波理论范畴内发展起来的 Boussinesq 方程,摒弃了浅水长波理论所假定的流速沿水深平均分布的假定,而是引入适当的流速垂向分布形式。经过理论演化,Boussinesq 方程中引入了描述波动色散性的数学描述,从而将浅水长波方程的应用范围拓宽至弱色散性波动的模拟。Boussinesq 类方程经过 Peregrine (1967)、Madsen et al. (1992)、Nwogu(1993)、Wei(1995)等学者的不断改进,已经极大地提高了模型的模拟能力。Boussinesq 方程可退化至静压模型,反之,在静压模型的框架下补充色散项,静压模型也可拓广至 Boussinesq 方程,但此时流动变量不再仅限于水深平均流速。

除了 Boussinesq 类方程所采用的弥补静压模型色散模拟能力不足的技术手段外,非静压模型则是另一种不同的建模思路。分析静压模型控制方程的构成,其理论基础在于压强的静压分布假定。若摒弃静压假定,则流动的垂向运动强度增强,垂向加速度较之重力加速度不再可忽略,其所对应的流动控制方程即为完全的 Navier-Stokes 方程。从理论角度而言,完全的 Navier-Stokes 方程适用于完全非线性、色散性水波运动的数学描述,不再受浅水条件约束。非静压模型形式上可归为 Navier-Stokes 方程,但最初提出该模型是基于对静压模型的修正,即在静压模型的基础上,引入动压修正项,故称其为非静压模型。

非静压模型自 20 世纪 90 年代提出,发展至今已有 20 余年,取得了长足的进展,在海岸带水波模拟方面取得了若干成功的应用,发展成了一种适用于色散水波模拟的数值模型。除了对典型的色散水波模拟以外,对密度变化引起的流动、地形陡变条件下的水流流动、绕障碍物的水流流动以及某些引排水工程附近的射流流动,静压假定模型不再适用,而非静压模型有效地提升了模型的模拟能力。非静压模型的发展及应用主要集中在带自由表面水流的数值模拟方面,主要有 Casulli(1998)的半隐格式方法;Mahadevan et al. (1996)基于 Casulli 的计算方法采用了有限差分的数值模型;Stansby et al. (1998)给出了垂向二维非静压的流动计算,计算中采用了时间分裂技术,即将动压作用单独计算。在

Jankowski(1999)、Kocyigit et al.（2002）和 Chen(2003)的工作中,给出了笛卡儿坐标系下的几种三维自由表面流动的计算,均采用了两步修正法,即动压对静压解仅做一步修正。不同之处在于,Chen 采用的是笛卡儿坐标系,Kocyigit 采用的是 σ 坐标系,但均为有限差分方法,而 Jankowski 采用的是有限元的计算方法。

利用非静压模型研究水波问题,其理论研究和工程应用主要集中在海洋和海岸工程领域。随着计算资源的高速发展,对于大尺度的海洋流动,高精度的数值模拟能力得到了显著提升。在空间网格分辨率较低的情况下,海洋地形在数值模拟过程中实际上被数值光滑过滤了,水中障碍物的影响同样由于网格分辨率的不足在数值上被弱化了。采用分辨率较低的空间计算网格,主要目标在于模拟大尺度流动,静压模型对此能够提供较好的模拟精度。提高空间网格分辨率,地形的剧烈变化、水中障碍物等可以得到较精确的刻画,同时小尺度的流动可以为数值模拟所分辨,静压模型则需要以非静压模型替代,从而实现模拟精度上的提高。非静压模型用于海洋流动的数值模拟已经得到了较多的关注,并建立了相应的数值模型和计算软件(Fringer et al.，2006；Wang et al.，2009；Zhang et al.，2001；Zhang et al.，2014)。目前非静压模型的主要应用仍集中在海岸带的波浪运动(Smit et al.，2014；Wei et al.，2014),主要关注破波带内波浪的演化。在该应用领域,非静压模型提升了对波动色散性的模拟能力,且由于该类模型为完全三维模型,可以获得三维流动的模拟结果。传统的 Boussinesq 方程,虽然引入了流速的垂向分布函数,但仍局限于水平二维流动的模拟。对于海岸带三维波动的数值模拟,非静压模型较之 Boussinesq 方程能够提供更为丰富的流场结构信息。

非静压模型的数值求解通常采用预估-校正法,预估流场的求解即为静压模型的求解,动压的计算及流场变量的更新在校正步骤中完成。该模型充分利用了静压模型求解的数值技术,同时静压流场提供了较高精度的流场的预估值,较之经典的 SIMPLE 类迭代求解方法,减少了迭代次数,求解效率较高。

非静压模型数值求解的消耗比静压模型增加显著,主要来自动压满足的离散化的泊松方程的数值求解。降低相应的泊松方程数值求解的计算消耗,主要有两种技术途径。一种解决办法是缩减离散方程组的规模,可以通过减少垂向分层数实现。动压场模拟精度依赖于垂向分层数目,Reeuwijk(2002)讨论了垂向分层数及垂向网格分辨率对深水波模拟精度的影响,给出了垂向网格分辨率设计的经验公式。Reeuwijk 的方法中虽然水流计算仍在多层网格基础上实现,但动压计算在减少分层数后的粗化网格上实现,故计算量降低。Stelling 和

Zijlema(2003)同样讨论了垂向分层数对解的精度的影响。Bai et al.（2012，2013)建立了垂向两层模型，动压求解的消耗大大降低。基于减小动压满足的离散方程组规模的思想，Rijnsdorp et al.（2017)采用非静压模型模拟了近岸波生流。Zhang et al.（2018)将计算域划分为静压区域和非静压区域，通过区域划分实现了动压满足的离散化的泊松方程组规模的减小，从而降低了计算消耗。降低动压求解消耗的另一种技术手段是提高离散化的泊松方程组的求解效率。Fringer et al.（2006)建立了非静压海洋流动模型，利用该类流动的时空尺度特征，将离散化的泊松方程做预处理，从而降低了方程组求解的计算消耗。Scotti et al.（2008)提出了一种近似求解椭圆型方程的方法，其目的同样是提高大型离散方程组的数值求解效率。

非静压模型理论上等同于 Navier-Stokes 方程，虽然目前较多应用于水波模拟(特别是浅水水波)，但对于地形陡变条件下的明渠流动、绕结构物流动等的数值模拟也是适用的。李子龙等(2016)采用非静压模型模拟了丁坝绕流。刘恒等(2016)、钱晨程等(2018)、杨骐等(2018)采用非静压模型模拟了刚性柱群绕流。Zhang et al.（2019a)、Zhang et al.（2019c)利用非静压模型建立了波与柱群的数值模型，分析了局部流动的流场结构特征。Ma et al.（2014)在非静压模型的基础上采用多孔介质模型模拟了波与多孔结构物的相互作用。吴梦瑶等(2019)在非静压模型的基础上，通过引入多孔介质模型模拟了柱群绕流。车海鸥等(2016)将非静压模型与颗粒运动的离散单元法(DEM)模型相耦合，模拟水流作用下的颗粒运动。常见的非静压模型的数值求解中，自由表面的拟合多采用坐标变换法结合水位函数的数值求解完成。该技术手段对于带自由表面流动的数值模拟而言，计算效率较高，但对于复杂淹没结构的流固耦合的模拟较难实现。针对水下刚体运动，Rijnsdorp et al.（2017)在非静压模型中引入描述刚体运动的固体边界条件，得到了较好的模拟效果。结合相关研究成果，非静压模型中引入浸没边界法(IBM)也是流固耦合数值模拟的另一种可行的技术手段。

静压模型和非静压模型自提出伊始，主要用于研究水波运动，侧重波形演化等问题。波动条件下湍流运动的高精度模拟在该类模型的应用中尚不多见。Zhang et al.（2015)、Zhang et al.（2019a,b,c)、Zhang et al.（2020)在非静压模型的基础上，尝试建立了高精度湍流模拟的分离涡模型(DES)。研究表明即使对于平底的明渠流动，大涡模拟(LES)类数值模拟采用静压模型或非静压模型，模拟结果存在一定的差异性。对于时均流动可忽略垂向加速度的明渠流动，脉动流动的垂向加速度不再是可忽略的小量。非静压模型理论基础更完备，数值模拟精度更高。将高级数值模拟方法(DMS、LES、DES 等)应用于带自由表面的浅水流动模拟,应舍弃静压假定,而采用非静压模型。

1.4　小结

　　水波理论的发展及工程应用伴随着人们对自然知识的渴求和社会需求而逐渐提高,吸引了众多的科研人员。一方面,随着科学技术手段,如数学分析方法、数值计算技术等的发展,水波理论逐渐从人们懵懂的直观感知发展至精确的数学模型。另一方面,水波理论为了适应工程需求而不断完善。从线性水波到完全非线性水波,理论日臻完善,应用范围逐渐扩大;从简化模型到完全三维数学模型,适用的物理场景更加复杂;从简单的手工计算到大型超算,针对越来越多的复杂实际问题的研究成为现实。纵观水波问题的研究及应用历程,水波模型的各异性往往伴随着所考察问题的特殊性,故计算效率与计算精度的协调是合理的技术途径之一。以下章节将从非静压模型的理论基础、数值求解方法、数值模型求解效率及应用等方面具体展开。

第 2 章

非静压水波模型的理论基础

非静压模型自 20 世纪 90 年代提出,发展至今已有 20 余年,取得了长足的进展。非静压模型主要用于海岸带水波的数值模拟,取得了若干成功的应用,发展成了一种带自由表面水流运动数值模拟的有效技术手段。相关的研究工作多数直接从数值求解角度展开,讨论其数值求解方法及应用实例,对于该类模型的理论基础缺少深入的阐述。非静压模型的提出可溯源于静压模型,作为静压模型的拓展,非静压模型的适用性必有其相应的理论基础作为依托,而非简单的数值求解技巧问题。本章通过介绍相关的流体力学及水波问题的经典理论,意在阐述非静压模型相关的理论基础,梳理模型的适用性条件。

2.1　流体中的压力

所谓非静压模型是相对于静压模型而言的,静压模型是指水体压强符合静水压强假定,故非静压模型是指水体压强不满足静水压强的假定条件。传统流体力学中的压强定义与此处的定义存在着"名同意不同"之处,往往引起概念上的混淆,以下对相关概念做简略的梳理。

建立经典的宏观流体力学数学模型,流体静止时,流体研究对象(质点或流体元)仅受到两个力的作用,即重力(某些情况下包含其他质量力)和压力,二力构成平衡力系,压力称为静压。流体运动时,这两个力仍然存在,但不再构成平衡力系,出现了由流体运动产生的流体摩擦力。流体动力学控制方程是以牛顿第二定律为基本的物理定律,推导获得的关于流体运动的数学描述。对于宏观流体运动,纳维-斯托克斯方程给出了完备的数学描述,建立了流体运动过程中惯性力与重力、压力与黏性力之间的力系平衡系统。纳维-斯托克斯方程虽然理论上是完备的,但其直接的理论求解有非常大的难度,很长一段时间内仅存在理论上的意义,缺乏实际的直接应用价值。为了适应实际需求,相继发展了各种理论模型,如伯努利方程、积分形式的动量方程等。为了进一步讨论静压模型和非静压模型的"冠名"问题，以下从伯努利方程入手进行说明。选择伯努利方程，一是因为伯努利方程形式相对简单，二是因为伯努利方程的物理意义简单明确。

伯努利方程是经典流体力学教科书中的重要内容。该方程的经典或原始形式的提出基于几点假定，即忽略流体黏性、沿流线、定常流动和重力场条件。虽然实际应用中发展了若干推广形式的伯努利方程，如增加黏性效应等，但鉴于对本书相关内容的分析无益，以下仅针对最简形式进行说明。采用如下的伯努利方程表达形式：

$$\frac{p}{\rho} + gz + \frac{u^2}{2} = C_0 \tag{2.1-1}$$

式中，C_0 沿某选取流线是一个常数，u 为流体质点速度，p 为流体压强。伯努利方程描述了压能、位能和动能沿流线的守恒关系，表达形式简单明了，能量守恒及转化路径清晰。

针对钝体绕流，即在来流速度为 u 的均匀流场中设置一个障碍物，则物体前缘的流体受到阻碍作用，在受阻区域的中心点，流动完全静止，称为流动驻点，如图 2.1-1 所示。设驻点处的压强为 p_s，对应的压强 p 为未受扰动流体的压强，则通过驻点的流线上的伯努利方程可表示为：

$$p_s = p + \rho \frac{u^2}{2} \text{ 或 } \frac{p_s}{\rho g} = \frac{p}{\rho g} + \frac{u^2}{2g} \tag{2.1-2}$$

式中，p 为静压，p_s 为总压，而 $p_s - p = \rho u^2 / 2$ 为动压。通过测量静压和总压，根据其差值可由伯努利方程计算得到沿流线的流速，这是皮托管等流速测量仪的工作原理。

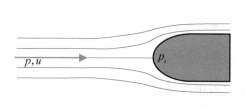

图 2.1-1　钝体绕流

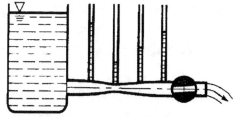

图 2.1-2　非均匀流沿流线的压强变化

式(2.1-2)中的静压并非指流体静止时的压强，而是流体中的真实压强值，与流体运动状态相关。式中的动压也并非压力表可直接读取的压力值，而是一个与运动有关的等效量。静压、动压的关系还可以通过变截面管流的实验装置获得直观的认识。如图 2.1-2 所示，在变截面管道的定常流动过程中，在管道收缩处,流速增加,静压降低,直观表现为该处的测压管水头降低。式(2.1-2)的两种表达方式从变量的物理含义的角度阐述了物理量的守恒关系。从能量角度分析,总能＝压能＋位能＋动能。总能与总压相对应,压能与静压相对应,将动能表述为动压。动压并不是真实压力值,而是与运动相关的物理量的一种度量表达方式。式(2.1-2)也给出了伯努利方程的水力学含义,即总水头＝压强水头＋速度水头＋位置水头,各变量均以高度表述。压强水头即测压管水头线(见图2.1-3),速度水头同样以相应的高度值给出(见图2.1-3)。

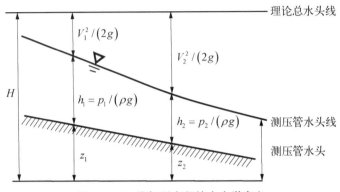

图 2.1-3 伯努利方程的水力学意义

通过对伯努利方程中压强项的分析,流体运动过程中静压和动压的定义及其物理意义已然清晰。再回顾完全的纳维-斯托克斯方程,其中的压力值 p 即为流体介质运动过程中的真实压力,称之为静压。动压并不显式地出现在动量方程中,而是以压强或水头的量纲来度量流体动能。

静压模型和非静压模型并非来源于经典流体力学数学模型,而是针对水波问题的研究逐步建立的,以下将从经典水波理论阐述其理论基础。

2.2 水波理论简述

有关水波理论的著作浩如烟海,本书仅引用相关的线性水波的描述,阐述"静压"与"非静压"的概念及其物理含义。水波运动的数学描述可借助带自由表面的不可压缩流体运动的控制方程,包括质量守恒和能量守恒方程。忽略黏性作用,控制方程可进一步退化至欧拉方程。水波运动除床面尺度很小的边界层外,近似满足无旋条件。对于无旋流动,引入速度势,将流速变量与标量势函数相关联。通过求解势函数所满足的控制方程,水波运动场可解。仅从数学描述及控制方程求解规模这一角度而言(不涉及对实际问题描述的完备性），势流理论框架下的水波问题求解的工作量明显降低。以下仅从经典的势流理论简要介绍水波的数学模型，目的在于明确"静压"与"非静压"之所指。

2.2.1　波动方程

仅考虑两维问题，建立坐标系如图 2.2-1 所示。坐标原点置于未扰水面，水波传播方向设定为 x 坐标正向，垂直方向设定为 z 坐标正向。静水深为 h，波速为 c，波长为 λ，波高为 H，波幅为 A_0，波面函数为 η。

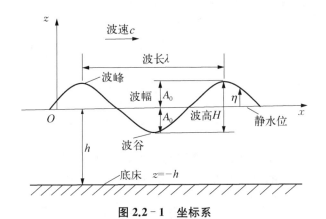

图 2.2-1　坐标系

基于无旋流动假设，引入速度势函数 $\varPhi$，流场速度矢量 $\mathbf{V} = \nabla \varPhi$，流场求解转化为求解速度势函数所满足的控制方程。由不可压缩流体满足的连续性方程，得到速度势函数所满足的拉普拉斯方程为

$$\mathbf{V}^2 \varPhi = 0 \tag{2.2-1}$$

上述微分方程的定解条件，即边界条件，分为自由表面和固定床面的相应边界条件。边界条件又划分为运动学边界条件和动力学边界条件两类。

1) 自由表面运动学边界条件（kinematic free surface boundary condition，KFSBC）

水粒子永远随波面而动，不能脱离波面。波面函数 $F(x, z, t) = z - \eta(x, t)$ 须满足条件 $\dfrac{DF}{Dt} = 0$，该条件进一步表示为

$$w = \frac{\partial \eta}{\partial t} + u \frac{\partial \eta}{\partial x}, \quad z = \eta(x, t) \tag{2.2-2}$$

2) 自由表面动力学边界条件(dynamic free surface boundary condition, DFSBC)

对于无旋流动,由欧拉方程可推导得到伯努利-拉格朗日积分,自由表面处的相应表达式为

$$\frac{\partial \Phi}{\partial t} + \frac{1}{2}(u^2 + w^2) + \frac{p_a}{\rho} + g\eta = C(t), \quad z = \eta(x, t) \quad (2.2\text{-}3)$$

式中的积分常数 $C(t)$ 对全流场成立,这一点区别于有旋流的伯努利方程,即式(2.2-3)不限于仅在流线上成立。

3) 底部边界条件(bottom boundary condition, BBC)

底部空间位置函数,即曲面函数 $F(x, z, t) = z + h(x, t)$ 须满足 $\frac{DF}{Dt} = 0$ 的限制条件,该条件进一步表达为

$$w + \frac{\partial h}{\partial t} + u\frac{\partial h}{\partial x} = 0 \quad (2.2\text{-}4)$$

上述拉普拉斯方程和边界条件构成了无旋水波运动的数学描述及其定解条件,关于该问题求解的研究成果丰硕。本书着重分析非静压模型的理论基础,不对水波的解析理论做深入探讨。

2.2.2 微幅波简述

微幅波有较完整的解析解,便于理论分析。本书仅选取微幅波运动的数学描述,梳理非静压模型的理论框架。以水波的非线性参数 $\lambda = gH/C^2$ 来界定微幅波成立的条件,需要满足 $\lambda \leqslant 1$。对于微幅波求解的控制方程,前文给出的拉普拉斯方程仍然成立。针对边界条件做摄动分析,舍去高阶小量后,得到线性化的边界条件。在线性化边界条件的限制下,自由表面对静水面线($z=0$)的偏离量为小量,可用水平面($z=0$)的物理量来代替自由面上相应的物理量。描述自由表面的水位函数的空间变化率也是小量,即可忽略 $\frac{\partial \eta}{\partial x}$ 和 $\frac{\partial \eta}{\partial y}$。引入上述假定条件,式(2.2-2)和式(2.2-3)可进一步表达为

$$\frac{\partial \eta}{\partial t} - \frac{\partial \Phi}{\partial z} = 0, \quad z = 0 \quad (2.2\text{-}5)$$

$$\frac{\partial \Phi}{\partial t} + g\eta = 0, \quad z = 0 \quad (2.2\text{-}6)$$

上述线性化的自由表面边界条件表达式(2.2-6)中,伯努利积分常数取零值。结合式(2.2-1)和边界条件式(2.2-5)和式(2.2-6),可积分求解微幅水波的速度势函数,进而计算波动的速度场。针对无旋流动成立的伯努利-拉格朗日积分,其积分常数全流场成立,即对于流场内任一点,可建立如下表达式:

$$\frac{\partial \Phi}{\partial t} + \frac{1}{2}(u^2 + w^2) + \frac{p}{\rho} + gz = \frac{\partial \Phi}{\partial t} + \frac{1}{2}(u^2 + w^2) + \frac{p_a}{\rho} + g\eta \bigg|_{z=\eta}$$

$$(2.2-7)$$

针对微幅波,对式(2.2-7)进一步做线性化处理,同时忽略自由表面处的大气压强,得到线性化的表达式为

$$\frac{\partial \Phi}{\partial t} + \frac{p}{\rho} + gz = \frac{\partial \Phi}{\partial t} + g\eta \bigg|_{z=0} \qquad (2.2-8)$$

结合自由表面边界条件的表达式(2.2-6),式(2.2-8)可进一步简化为

$$\frac{\partial \Phi}{\partial t} + \frac{p}{\rho} + gz = 0 \qquad (2.2-9)$$

表达式(2.2-9)建立了流场内任一点处的惯性力、压力、体积力或动能、压能、位能三者的平衡关系。

关于拉普拉斯方程在特定边界条件下的解析分析,此处略去详细的运算过程,可参考相关著作(如 Dean 和 Dalrymple 的著作 *Water wave mechanics for engineers and scientists*),仅将线性行波的解析解汇总如下。

速度势函数: $\Phi = \frac{H}{2}\frac{g}{\omega}\frac{\cosh[k(h+z)]}{\cosh(kh)}\sin(kx - \omega t)$ (2.2-10)

水位函数: $\eta = \frac{H}{2}\cos(kx - \omega t)$ (2.2-11)

流速变量:

$$u = \frac{\partial \Phi}{\partial x} = \frac{H}{2}\frac{gk}{\omega}\frac{\cosh[k(h+z)]}{\cosh(kh)}\cos(kx - \omega t)$$

$$(2.2-12)$$

$$w = \frac{\partial \Phi}{\partial z} = \frac{H}{2}\frac{gk}{\omega}\frac{\sinh[k(h+z)]}{\cosh(kh)}\sin(kx - \omega t)$$

流场压强: $p = -\rho gz + \frac{H}{2}\rho g\frac{\cosh[k(h+z)]}{\cosh(kh)}\cos(kx - \omega t)$ (2.2-13)

考察式(2.2-13),可将该压强视作由两部分组成。右边第一项描述了位置水头

引起的压强,而第二项描述了速度水头引起的压强。在经典的波浪理论框架下,两个组成部分分别称为波动场的静压和动压,即

$$p = p_h + p_n \qquad (2.2-14)$$

其中,$p_h = -\rho g z$,$p_n = -\rho \dfrac{\partial \Phi}{\partial t} = \dfrac{H}{2} \rho g \dfrac{\cosh[k(h+z)]}{\cosh(kh)} \cos(kx - \omega t)$。

借助水位函数表达式(2.2-11),动压可表达为

$$p_n = \rho g \eta K_p(z) \qquad (2.2-15)$$

其中,

$$K_p(z) = \frac{\cosh[k(h+z)]}{\cosh(kh)} \qquad (2.2-16)$$

称为压强响应系数,通常其值小于1,且沿水深方向递减。静压、动压沿水深的分布特征可参见 Dean 和 Dalrymple 的著作 *Water wave mechanics for engineers and scientists*。

上述关于线性微幅波压强分布的分析表明,流场中的静压对应于未考虑水面波动的流动,且其计算表达式等同于静止水体的压强。而动压由水体波动引起,其计算值与波动强度相关。对比 2.1 节中关于经典流体力学中压强的定义,可知此处的"静压"与"动压"之和即为水体的真实压强,即 2.1 节中所指的"静压"。此"静压"非彼"静压",静压水波模型和非静压水波模型的学术命名可归结为压强计算的不同。

非静压模型的引入很大程度上来自静压模型的拓展,也可视为静压模型的改进。换言之,静压模型具有一定的适用性,动压模型是针对静压模型不再适用时给予的一种模型修正或完善。静压模型和非静压模型的适用条件需要得到清晰的界定,以便为模型的正确应用提供可靠的依据。

从线性水波的色散性入手,首先可得到如下的色散关系表达式:

$$\omega^2 = gk\tanh(kh) \qquad (2.2-17)$$

该色散关系式给出了某一水深 h 条件下,波浪周期与波长的对应关系。水波传播的速度可通过色散关系式计算得到,即

$$c = \frac{\lambda}{T} = \frac{\omega}{k} = \sqrt{\frac{g}{k}\tanh(kh)} \qquad (2.2-18)$$

对上述波浪色散关系式(2.2-17)中的双曲函数做分析,可将线性水波划分为深

水波、浅水波和中等水深波。一般界定当 $kh < \dfrac{\pi}{10}$ 或 $\dfrac{h}{\lambda} < \dfrac{1}{20}$ 时为浅水波,当 $kh > \pi$ 或 $\dfrac{h}{\lambda} > \dfrac{1}{2}$ 时为深水波,介于两者之间的水深称为中度水深波。色散关系式中的双曲函数的近似表达式如表 2.2-1 所示。

表 2.2-1　双曲函数特征

双曲函数	$kh > \pi$	$kh < \dfrac{\pi}{10}$
$\cosh(kh)$	$\dfrac{\mathrm{e}^{kh}}{2}$	1
$\sin(kh)$	$\dfrac{\mathrm{e}^{kh}}{2}$	kh
$\tanh(kh)$	1	kh

由上述的近似计算可知浅水波的波速为

$$c = \sqrt{gh} \qquad (2.2-19)$$

该波速与波长无关,只与水深相关,该波称为非色散波。

深水波的波速为

$$c = \frac{g}{\omega} = \frac{g}{2\pi}T = \sqrt{\frac{g\lambda}{2\pi}} \qquad (2.2-20)$$

该波速与波长有关,该波称为色散波。

明确了线性水波的色散效应划分条件,进一步考察浅水波与深水波条件下的压强响应系数 $K_p(z)$,可知如下关系。

浅水波条件下:
$$\frac{\cosh[k(h+z)]}{\cosh(kh)} \to 1 \qquad (2.2-21)$$

相应的流动压强近似计算为　$p = \rho g(\eta - z)$ $\qquad (2.2-22)$

深水波条件下:
$$\frac{\cosh[k(h+z)]}{\cosh(kh)} \to \mathrm{e}^{kz} \qquad (2.2-23)$$

相应的流动压强近似计算为

$$p = -\rho g z + \rho g \eta \mathrm{e}^{kz} \qquad (2.2-24)$$

上述分析明确了静压模型适用于浅水波动(非色散波)的描述,而非静压模型适用于深水波动(色散波)的描述。

2.3 浅水长波

非静压模型来源于静压模型的拓展,以下针对静压模型或称浅水方程模型的理论进行梳理,为后续非静压模型的引入做必要的铺垫。波浪在浅水中传播,并非是指当地水深很浅,而是指满足关系式 $kh < \dfrac{\pi}{10}$ 的水波运动。这类水波运动在地表水流现象中很普遍,如潮汐流动、海啸波等。长波又称浅水波,明渠流动可视为波长极长的浅水波。在河口海岸水域,长波的研究对于港口、近岸建筑物设计等具有重要的工程意义。以频域的视角分析,长波又可称为低频波,其波浪能量不易被沙滩、结构物、水生植物群落等耗散消除,透射性较强。

2.3.1 浅水长波特性

由表 2.2 - 1 可知,浅水长波的界定条件近似为 $kh < \dfrac{\pi}{10}$,此时双曲函数可近似计算。借助相关函数的近似计算,线性水波的水质点速度表达式(2.2 - 12)可近似表达为

$$u = \frac{H}{2} \frac{gk}{\omega} \cos(kx - \omega t) \qquad (2.3 - 1)$$

$$w = \frac{H}{2} \frac{gk}{\omega} k(h + z) \sin(kx - \omega t) \qquad (2.3 - 2)$$

由式(2.3 - 1)可知,流体质点的水平流速沿垂向分布均匀,而式(2.3 - 2)显示垂向流速自底部($z = -h$)至自由表面($z = 0$)线性增加。流速的最大值为

$$u_{\max} = \frac{H}{2} \frac{gk}{\omega} \quad \text{和} \quad w_{\max} = \frac{H}{2} \frac{gk}{\omega} kh \qquad (2.3 - 3)$$

最大速度比值:$\lambda_V = \dfrac{u_{\max}}{w_{\max}} = \dfrac{1}{kh} > \dfrac{10}{\pi}$,所以浅水长波流动可忽略垂向速度。

进一步计算水质点的加速度,表达式为

$$a_u = \frac{H}{2} gk \sin(kx - \omega t) \qquad (2.3 - 4)$$

$$a_w = -\frac{H}{2}gk^2(h+z)\cos(kx-\omega t) \qquad (2.3-5)$$

式(2.3-4)和式(2.3-5)显示对于某一固定的相位而言,水平加速度垂向分布均匀,而垂向加速度自床面向自由表面线性增加。加速度的最大值为

$$a_{u\max} = \frac{H}{2}gk \quad 和 \quad a_{w\max} = \frac{H}{2}gk^2h \qquad (2.3-6)$$

最大加速度比值 $\lambda_a = \dfrac{a_{u\max}}{a_{w\max}} = \dfrac{1}{kh} > \dfrac{10}{\pi}$,与水平加速度相比,垂向加速度也可忽略。

　　对于带自由表面的水流运动,重力是重要的体积力,也是水波运动的回复力。由水质点垂向加速度的最大值,即 $a_{w\max} = \dfrac{1}{2}Hgk^2h$,得:

$$\frac{a_{w\max}}{g} = \frac{Hk}{2}\cdot kh \qquad (2.3-7)$$

式(2.3-7)显示对于微幅波 $Hk \ll 1$,同时浅水波满足 $kh \ll 1$,故此垂向加速度远小于重力加速度。浅水长波运动可以忽略垂向速度和垂向加速度。

　　进一步分析浅水长波的压强分布,动压 $p_n \approx \rho g\eta$,所以流体总压强为

$$p_z = \rho g(\eta - z) \qquad (2.3-8)$$

式(2.3-8)表明对于浅水长波,水流运动过程中的压强可近似为静压,故浅水长波方程是建立在静压假定基础上的一种关于水波运动的数学描述,也称为静压模型。

2.3.2　浅水长波控制方程

　　由上节分析可知,浅水长波运动过程中水质点的水平流速近似为沿水深的均匀分布,压强的垂向分布近似满足静压假定。该浅水长波的流动特征是通过势流理论框架下线性水波流动变量的量级分析获得的,而浅水长波的精确控制方程尚未引出。完全的纳维-斯托克斯方程为宏观流体力学的基本数学描述,若将浅水长波成立的条件引入控制方程,可获得浅水长波的数学描述。

　　针对浅水长波运动的流速特征,以水深平均的流速近似描述水流的水平运动,可满足一定的精度要求。分别将连续性方程和动量方程沿水深积分,并代入水深平均的流场变量,得到浅水长波的控制方程。

笛卡儿坐标系下的连续方程表达如下：

$$\frac{\partial u}{\partial x} + \frac{\partial v}{\partial y} + \frac{\partial w}{\partial z} = 0 \tag{2.3-9}$$

其中，u、v、w 分别为 x、y、z 方向的流速变量，垂向坐标 $z \in [-h, \eta]$，静水位坐标 $z = 0$。沿水深对方程(2.3-9)积分，计算表达式为

$$\int_{-h}^{\eta} \left(\frac{\partial u}{\partial x} + \frac{\partial v}{\partial y} + \frac{\partial w}{\partial z} \right) \mathrm{d}z = \int_{-h}^{\eta} \frac{\partial u}{\partial x} \mathrm{d}z + \int_{-h}^{\eta} \frac{\partial v}{\partial y} \mathrm{d}z + w(x, y, \eta)$$
$$- w(x, y, -h) = 0 \tag{2.3-10}$$

引用莱布尼茨(Leibniz)积分定理，即：

$$\frac{\partial}{\partial x} \int_{\alpha(x)}^{\beta(x)} Q(x, y) \mathrm{d}y = \int_{\alpha(x)}^{\beta(x)} \frac{\partial}{\partial x} Q(x, y) \mathrm{d}y + Q[x, \beta(x)] \frac{\partial \beta(x)}{\partial x}$$
$$- Q[x, \alpha(x)] \frac{\partial \alpha(x)}{\partial x} \tag{2.3-11}$$

式(2.3-10)可改写为

$$\frac{\partial}{\partial x} \int_{-h}^{\eta} u \mathrm{d}z - u(x, y, \eta) \frac{\partial \eta}{\partial x} - u(x, y, -h) \frac{\partial h}{\partial x}$$
$$+ \frac{\partial}{\partial y} \int_{-h}^{\eta} v \mathrm{d}z - v(x, y, \eta) \frac{\partial \eta}{\partial y} - v(x, y, -h) \frac{\partial h}{\partial y} \tag{2.3-12}$$
$$+ w(x, y, \eta) - w(x, y, -h) = 0$$

将自由表面和床面的运动学边界条件式(2.2-2)和式(2.2-4)推广至三维运动，得到如下边界条件：

$$w(x, y, \eta) = \frac{\partial \eta}{\partial t} + u(x, y, \eta) \frac{\partial \eta}{\partial x} + v(x, y, \eta) \frac{\partial \eta}{\partial y}, \quad z = \eta$$
$$\tag{2.3-13}$$

$$w(x, y, -h) = -\frac{\partial h}{\partial t} - u(x, y, -h) \frac{\partial h}{\partial x} - v(x, y, -h) \frac{\partial h}{\partial y}, \quad z = -h$$
$$\tag{2.3-14}$$

将式(2.3-13)和式(2.3-14)代入式(2.3-12)，得到连续性方程的积分形式为

$$\frac{\partial}{\partial x}\int_{-h}^{\eta}u\,\mathrm{d}z+\frac{\partial}{\partial y}\int_{-h}^{\eta}v\,\mathrm{d}z+\frac{\partial\eta}{\partial t}-\frac{\partial h}{\partial t}=0 \qquad (2.3-15)$$

对于固定床面的条件,式(2.3-15)中的 $\dfrac{\partial h}{\partial t}=0$。控制方程式(2.3-15)中流

速沿水深的积分运算通过定义水深平均的流速变量 $U=\dfrac{1}{h+\eta}\displaystyle\int_{-h}^{\eta}u\,\mathrm{d}z$ 和 $V=$

$\dfrac{1}{h+\eta}\displaystyle\int_{-h}^{\eta}v\,\mathrm{d}z$,进一步改写为

$$\frac{\partial\eta}{\partial t}+\frac{\partial}{\partial x}\big[U(h+\eta)\big]+\frac{\partial}{\partial y}\big[V(h+\eta)\big]=0 \qquad (2.3-16)$$

将控制方程(2.3-16)在水平面积 ΔS 内积分,则为

$$\oiint_{\Delta S}\left\{\frac{\partial}{\partial x}\big[U(h+\eta)\big]+\frac{\partial}{\partial y}\big[V(h+\eta)\big]\right\}\mathrm{d}x\,\mathrm{d}y \qquad (2.3-17)$$
$$=\oiint_{\Delta S}\nabla\boldsymbol{\cdot}\big[\boldsymbol{V}(h+\eta)\big]\mathrm{d}x\,\mathrm{d}y=\oint_{\partial S}q_n\mathrm{d}l=-\Delta S\,\frac{\partial\eta}{\partial t}$$

其中,∂S 为平面 ΔS 的构成边,若针对三维问题,即为控制体的控制面。$q_n=V_n(h+\eta)$ 为沿 ∂S 外法向的单位体积通量。式(2.3-17)的等号右边为以 ΔS 为底、$h+\eta$ 为高的垂直水体的体积变化率。

　　式(2.3-17)经常作为显式计算水位函数。控制方程(2.3-17)是水体质量守恒的数学描述,物理定律上是精确成立的。数值求解控制方程(2.3-17),水位函数 η 定义为单元面积 ΔS 内的平均水位值,而非一点处的精确值,两者存在一定的差异。对于水面光滑连续且空间数值求解分辨率足够高的情况,可忽略两者差异。反之,对于水面不连续,如破碎波等情况,水位函数 η 仅代表单元 ΔS 内水位的空间平均值,而非真实的水位分布。式(2.3-17)对于破碎波面的精细化模拟不适用,故该类模型在破碎波的模拟中通常需要引入适当的破波模型。

　　考察浅水长波数学描述的动量方程,首先将 x 方向的完整动量方程表达为

$$\frac{\partial u}{\partial t}+\frac{\partial u^2}{\partial x}+\frac{\partial uv}{\partial y}+\frac{\partial uw}{\partial z}=-\frac{1}{\rho}\frac{\partial p}{\partial x}+\frac{1}{\rho}\left(\frac{\partial\tau_{xx}}{\partial x}+\frac{\partial\tau_{xy}}{\partial y}+\frac{\partial\tau_{xz}}{\partial z}\right)$$

$$(2.3-18)$$

式(2.3-18)的适用范围不限于浅水长波,根据对浅水长波流动特征的分析,引入静压假定关系式(2.3-8),则式(2.3-18)中的压强梯度计算为

$$-\frac{1}{\rho}\frac{\partial p}{\partial x}=-g\frac{\partial \eta}{\partial x} \tag{2.3-19}$$

结合式(2.3-19),控制方程(2.3-18)的适用对象则聚焦于浅水长波。进一步对控制方程(2.3-18)沿水深积分,并引用 Leibniz 积分定理及自由表面和床面的运动学边界条件,方程演化为

$$\frac{\partial U(h+\eta)}{\partial t}+\frac{\partial U^2(h+\eta)}{\partial x}+\frac{\partial UV(h+\eta)}{\partial y}$$

$$=-g(h+\eta)\frac{\partial \eta}{\partial x}+\frac{1}{\rho}(h+\eta)\left(\frac{\partial \tau_{xx}}{\partial x}+\frac{\partial \tau_{xy}}{\partial y}\right) \tag{2.3-20}$$

$$+\frac{\tau_{xz}(\eta)-\tau_{xz}(-h)}{\rho}$$

其中,U 和 V 定义为水深平均流速,表达式如前文所述。在控制方程(2.3-20)的推导过程中做了某些近似处理,以 $\dfrac{\partial}{\partial x}\displaystyle\int_{-h}^{\eta}u^2\mathrm{d}z$ 的计算为例:

$$\frac{\partial}{\partial x}\int_{-h}^{\eta}u^2\mathrm{d}z=\frac{\partial}{\partial x}\left[\alpha_{xx}U^2(h+\eta)\right] \tag{2.3-21}$$

其中,系数 $\alpha_{xx}=\dfrac{1}{(h+\eta)U^2}\displaystyle\int_{-h}^{\eta}u^2\mathrm{d}z$,对于浅水长波,其值可近似取 1。采用相同的数学运算,y 坐标方向的水深积分动量方程为

$$\frac{\partial V(h+\eta)}{\partial t}+\frac{\partial UV(h+\eta)}{\partial x}+\frac{\partial V^2(h+\eta)}{\partial y}$$

$$=-g(h+\eta)\frac{\partial \eta}{\partial y}+\frac{1}{\rho}(h+\eta)\left(\frac{\partial \tau_{yx}}{\partial x}+\frac{\partial \tau_{yy}}{\partial y}\right) \tag{2.3-22}$$

$$+\frac{\tau_{yz}(\eta)-\tau_{yz}(-h)}{\rho}$$

控制方程式(2.3-20)和式(2.3-22)为水深积分的浅水方程的守恒形式,引入新变量 $q_x=U(h+\eta)$ 和 $q_y=V(h+\eta)$,式(2.3-20)和式(2.3-22)可改写为

$$\frac{\partial q_x}{\partial t}+\frac{\partial Uq_x}{\partial x}+\frac{\partial Vq_x}{\partial y}$$

$$=-g(h+\eta)\frac{\partial \eta}{\partial x}+\frac{1}{\rho}(h+\eta)\left(\frac{\partial \tau_{xx}}{\partial x}+\frac{\partial \tau_{xy}}{\partial y}\right) \tag{2.3-23}$$

$$+\frac{\tau_{xz}(\eta)-\tau_{xz}(-h)}{\rho}$$

$$\frac{\partial q_y}{\partial t} + \frac{\partial U q_y}{\partial x} + \frac{\partial V q_y}{\partial y}$$

$$= -g(h+\eta)\frac{\partial \eta}{\partial y} + \frac{1}{\rho}(h+\eta)\left(\frac{\partial \tau_{yx}}{\partial x} + \frac{\partial \tau_{yy}}{\partial y}\right) \quad (2.3-24)$$

$$+ \frac{\tau_{yz}(\eta) - \tau_{yz}(-h)}{\rho}$$

其中,变量 q_x 和 q_y 表征了通过单位宽度的垂直截面的体积通量。控制方程式(2.3-23)和式(2.3-24)的等号左侧可以写成简洁的通式:

$$\frac{\partial \phi}{\partial t} + \nabla \cdot (\boldsymbol{V}\phi) = \frac{\partial \phi}{\partial t} + \boldsymbol{V} \cdot \nabla \phi + \phi \nabla \cdot \boldsymbol{V} \quad (2.3-25)$$

数值求解控制方程式(2.3-23)和式(2.3-24)的等号左侧,可针对控制方程式(2.3-25)构造通用的数值格式。

控制方程式(2.3-25)的等号左右分别为守恒形式和非守恒形式。考察不可压缩流体动量方程的表达形式,同样有两种形式,即守恒形式和非守恒形式。以 x 向动量方程为例,两种数学描述及转化关系如下:

$$\frac{\partial uu}{\partial x} + \frac{\partial uv}{\partial y} + \frac{\partial uw}{\partial z} = u\frac{\partial u}{\partial x} + v\frac{\partial u}{\partial y} + w\frac{\partial u}{\partial z} + u\left(\frac{\partial u}{\partial x} + \frac{\partial v}{\partial y} + \frac{\partial w}{\partial z}\right)$$

$$(2.3-26)$$

对于不可压缩流体,式(2.3-26)的右侧最后一项为零,即 $\nabla \cdot \boldsymbol{V} = 0$,故守恒形式与非守恒形式等价。

分析控制方程式(2.3-25),引用方程式(2.3-16),可知:

$$\nabla \cdot \boldsymbol{V} = -\frac{1}{h+\eta}\frac{\partial \eta}{\partial t} - \frac{U}{h+\eta}\frac{\partial (h+\eta)}{\partial x} - \frac{V}{h+\eta}\frac{\partial (h+\eta)}{\partial y} \neq 0$$

$$(2.3-27)$$

上述分析表明 $\frac{\partial \phi}{\partial t} + \nabla \cdot (\boldsymbol{V}\phi) \neq \frac{\partial \phi}{\partial t} + \boldsymbol{V} \cdot \nabla \phi$,所以水深积分的动量方程的守恒形式和非守恒形式不完全等价。

浅水长波方程由连续性方程、水平方向的动量方程构成,广泛用于潮汐流、明渠流等地表水流的描述及数值模拟,计算效率较高,适用于大范围水流运动的研究及工程应用。

2.4 Boussinesq 方程

浅水长波方程基于静压假定,用于模拟非线性的非色散波动。提高模型对于水波色散性的模拟,拓宽模型的应用范围,Boussinesq 类模型可视为重要的一种改进模型。Boussinesq 方程本质上属于浅水方程范畴,但它对浅水方程进行了改进,通过引入波浪色散效应的描述,使得水波的色散特性在一定程度上得以反映。

浅水长波理论建立在流场垂向分布近似均匀的假定基础之上,从而忽略了垂向速度(加速度),水平流速沿垂向近似视为均匀分布。而 Boussinesq 方程的主要理论基础是将流场的垂向分布以多项式级数的形式近似表示,进一步将连续方程与动量方程沿水深积分。虽然 Boussinesq 方程仍为水平二维模型,但在水深积分过程中计入了流动变量的垂向分布,考虑了流动的垂向加速效应,舍弃了静压假定的条件,故可在一定程度上模拟波浪的色散效应。

Boussinesq 方程的理论分析以两个参数的引入为基础,即描述非线性效应的参数 ε(即波高、水深比 a/h)和描述色散效应的参数 μ(即水深、波长比 h/λ)。根据所选取的水平流速的不同表达形式(反映了不同的流速沿水深的分布形式)和高阶量的不同取舍,发展出了不同形式的 Boussinesq 方程。

Peregrine(1967)的研究工作奠定了 Boussinesq 方程的重要理论基础,其建立的基本方程被称为经典 Boussinesq 方程,表达式为

$$\frac{\partial \eta}{\partial t} + \frac{\partial}{\partial x_i}\big[(h+\eta)U_i\big] = 0, \quad i = 1, 2 \tag{2.4-1}$$

$$\frac{\partial U_i}{\partial t} + U_j\frac{\partial U_i}{\partial x_j} = -g\frac{\partial \eta}{\partial x_i} + \frac{h}{2}\frac{\partial^2}{\partial x_i \partial x_j}\Big(h\frac{\partial U_j}{\partial t}\Big) - \frac{h^2}{6}\frac{\partial^3 U_i}{\partial x_j \partial x_j \partial t},$$
$$i, j = 1, 2$$

$$\tag{2.4-2}$$

考察控制方程(2.4-2),若等号右边仅保留第一项,则方程退化为浅水长波方程。经典 Boussinesq 方程使用的阶数较低,所以方程的适用范围局限于弱非线性及弱色散性水波范畴,只适用于相对水深 h/λ 较小的情况。在波速计算误差小于 5% 的考核指标下,其适用相对水深条件约为 $kh < 1.9$。

针对 Boussinesq 方程的弱色散性,陆续有学者做了深入研究,提出了不同的改进模型。Witting(1984)应用帕德(Padé)级数展开技术,拓展了模型的色散

效应模拟能力。之后的主要研究工作有 Madsen et al. (1992)、Nwogu(1993)和
Wei et al. (1995)所建立的不同形式的 Boussinesq 方程。通过保留 Padé 级数展
开的高阶项,Schäffer et al. (1995)建立了色散性满足 Padé[4,4]阶的
Boussinesq 方程,应用于相对水深 $kh = 2\pi$ 的情况,计算的波速误差约为 1%。
改进的 Boussinesq 方程的形式取决于变量的选取方式,具有代表性的 Nwogu
方程为

$$\frac{\partial \eta}{\partial t} + \frac{\partial}{\partial x_i}\left[(h + \eta)U_i^{(r)}\right] = \frac{\partial}{\partial x_i}\left[A_1 \frac{\partial^2 U_j^{(r)}}{\partial x_i \partial x_j} + A_2 \frac{\partial^2 (hU_j^{(r)})}{\partial x_i \partial x_j}\right]$$

$$i, j = 1, 2 \qquad\qquad (2.4-3)$$

$$\frac{\partial U_i^{(r)}}{\partial t} + U_j^{(r)}\frac{\partial U_i^{(r)}}{\partial x_j} = -g\frac{\partial \eta}{\partial x_i} + B_1 \frac{\partial^3 U_j^{(r)}}{\partial x_i \partial x_j \partial t} + B_2 \frac{\partial^3 (hU_j^{(r)})}{\partial x_i \partial x_j \partial t}$$

$$i, j = 1, 2 \qquad\qquad (2.4-4)$$

式中, $A_1 = (1 - 3\xi^2)h^3/6$; $A_2 = (2\xi - 1)h^2/2$; $B_1 = \xi^2 h^2/2$; $B_2 = \xi h$; ξ 为相对
水深, $\xi = z/h$,即确定水平流速 $U_i^{(r)}$ 的相对高程。上述式中 $i, j = 1, 2$ 分别对
应于笛卡儿坐标系的 x 和 y 坐标。Nwogu(1993)的研究工作证明当取 $\xi = -0.531$ 时,计算得到的色散关系与微幅波的色散关系吻合较好。

2.5　非静压模型的描述

浅水长波方程基于静压假定,只能模拟非色散的水波波动。Boussinesq 类
方程提高了对波动色散性的模拟能力。但对实际黏性流体的运动及水流与结构
物相互作用的模拟,浅水方程、Boussinesq 类方程均不能获得很好的模拟效果。
回到描述流体介质宏观运动的纳维-斯托克斯方程,即去除静压假定的限制,理
论上可以描述任意的水波运动。非静压水波模型本质上属于纳维-斯托克斯方
程,但其建立是通过在静压方程的基础上补充动压作用的方式回归至纳维-斯托
克斯方程的。之所以将其独立命名为"非静压",概因一方面凸显其有别于"静
压"模型,另一方面是众多非静压模型的数值求解延续了静压模型的某些求解
技术。

2.5.1　纳维-斯托克斯方程及湍流模拟概述

纳维-斯托克斯方程由连续性方程和动量守恒方程构成,对于不可压缩的水

波运动,控制方程为

$$\frac{\partial u_i}{\partial x_i} = 0, \quad i = 1, 2, 3 \tag{2.5-1}$$

$$\frac{\partial u_i}{\partial t} + u_j \frac{\partial u_i}{\partial x_j} = -g\delta_{i3} - \frac{\partial p}{\rho \partial x_i} + \nu \frac{\partial^2 u_i}{\partial x_j \partial x_j}, \quad i, j = 1, 2, 3 \tag{2.5-2}$$

其中,$i = 1, 2, 3$ 分别对应于 x、y、z 三个方向,δ_{ij} 为 Kronecker 函数,ν 为分子的运动黏度(m^2/s)。式(2.5-1)和式(2.5-2)中共有一个流速变量(u_1、u_2、u_3)和一个压强变量(p),方程组是封闭的。

控制方程式(2.5-1)和式(2.5-2)是描述流体介质宏观运动的基本方程,既适用于层流运动也适用于湍流运动。湍流运动具有非常复杂的时空尺度,含能尺度 l 与黏性耗散尺度 η_ν 的比值近似为 $Re_l^{3/4}$。对于高雷诺数流动,直接求解上述控制方程,即直接数值模拟(direct numerical simulation, DNS),其计算消耗巨大,难以开展大规模应用。基于时空尺度分解的思想,采用模式化方法,建立湍流的实用性模型是目前数值模拟湍流运动的基本策略。

考察湍流运动的时间尺度,其中宏观运动的特征尺度 T 与湍流脉动的微尺度 τ 的比值近似为 $Re_l^{1/2}$,湍流组成成分的时间尺度的跨度随雷诺数的增加而显著增加。多数工程应用往往关注时间上的统计平均值,故将流动变量按时间尺度分解为慢变量(时均值)和快变量(脉动值)。

设某一物理量 ϕ,其时均值为 $\bar{\phi} = \frac{1}{\Delta T} \int_t^{t+\Delta T} \phi \mathrm{d}t$,脉动值为 ϕ',则该物理量的瞬时值表达为 $\phi = \bar{\phi} + \phi'$。对纳维-斯托克斯方程做时均处理,得到如下控制方程:

$$\frac{\partial \bar{u}_i}{\partial x_i} = 0, \quad i = 1, 2, 3 \tag{2.5-3}$$

$$\frac{\partial \bar{u}_i}{\partial t} + \frac{\partial \bar{u}_j \bar{u}_i}{\partial x_j} = -g\delta_{i3} - \frac{\partial \bar{p}}{\rho \partial x_i} + \nu \frac{\partial^2 \bar{u}_i}{\partial x_j \partial x_j} + \left[\frac{\partial}{\partial x_j}(-\overline{u_j' u_i'}) \right],$$
$$i, j = 1, 2, 3 \tag{2.5-4}$$

控制方程式(2.5-3)和式(2.5-4)描述的是流动变量时均值所满足的数学方程,称其为雷诺平均方程(Reynolds averaged Navier-Stokes, RANS)。上述控制方程组中共增加了9个新变量 $\overline{u_i' u_j'}(i, j = 1, 2, 3)$,定义为雷诺应力(Reynolds stresses),方程组不再封闭。为了封闭控制方程组式(2.5 - 3)和式(2.5 - 4),需要对雷诺应力进行模式化建模,从而发展出了一系列的湍流模型,常用的有一方程模型(如 S - A 模型)、二方程模型(如 k-ε 模型、k-ω 模型等)。这类湍流模型均是首先基于 Boussinesq 假定,引入涡黏性系数,进而由涡黏性系数与应变张量组合,对雷诺应力进行模式化计算,统称为涡黏模型。与之不同,雷诺应力模型是将雷诺应力作为独立变量,直接建立关于雷诺应力的输运方程,进而求解。关于湍流模型的著述非常丰富,在此不赘述,可参考 Versteeg 和 Malalasekera 的著作 *An introduction to Computational Fluid Dynamics*。

考察湍流运动的空间尺度与考察时间尺度类似,同样存在非常丰富的跨尺度运动。湍流运动中的大涡尺度由限制流动的几何特征尺度决定,如明渠流的水深尺度、圆柱绕流的柱体直径尺度等,通常表现为各向异性;而黏性耗散运动尺度通常表现为各向同性。大尺度湍流运动控制着诸如物质输运、结构物受力等重要的物理过程,通常是工程应用中所重点关注的,故可将湍流运动所考察的空间尺度分解为大尺度(某一空间尺度的平均值)和小尺度(相对平均值的离散值)。直接求解大尺度运动,模式化小尺度运动,即建立了所谓的"抓大放小"的模拟策略。

设某一物理量 ϕ,其空间平均值为 $\langle\phi\rangle=\dfrac{1}{\Delta V}\int_0^{\Delta V}\phi \mathrm{d}V$,脉动值为 $\tilde{\phi}$,则该物理量的瞬时值表达为 $\phi=\langle\phi\rangle+\tilde{\phi}$。对纳维-斯托克斯方程做空间平均处理,得到如下的控制方程:

$$\frac{\partial\langle u_i\rangle}{\partial x_i}=0, \quad i=1,2,3 \tag{2.5-5}$$

$$\frac{\partial\langle u_i\rangle}{\partial t}+\frac{\partial\langle u_j\rangle\langle u_i\rangle}{\partial x_j}=-g\delta_{i3}-\frac{\partial\langle p\rangle}{\rho\partial x_i}+\nu\frac{\partial^2\langle u_i\rangle}{\partial x_j\partial x_j}+\frac{\partial\tau_{ij}}{x_j},$$
$$i,j=1,2,3 \tag{2.5-6}$$

式中,$\tau_{ij}=-\langle u_iu_j\rangle+\langle u_i\rangle\langle u_j\rangle$,称为亚格子应力(sub-grid-scale stresses, SGS)。方程式(2.5 - 5)和式(2.5 - 6)给出了空间平均化的控制方程,称其为大涡模拟(large eddy simulation, LES)控制方程。空间滤波过程中引入了新的变量,即 SGS,需要建立新的模型使得控制方程组封闭。将流动变量的尺度进行分解,表达为 $\phi=\langle\phi\rangle+\tilde{\phi}$,引入至亚格子应力的计算式,得到 SGS 的一般表达式为

$$\tau_{ij} = -(\langle u_i u_j \rangle - \langle u_i \rangle \langle u_j \rangle)$$
$$= -[(\langle\langle u_i \rangle \langle u_j \rangle\rangle - \langle u_i \rangle \langle u_j \rangle) + (\langle\langle u_i \rangle \tilde{u}_j \rangle$$
$$+ \langle \tilde{u}_i \langle u_j \rangle\rangle) + (\langle \tilde{u}_i \tilde{u}_j \rangle)] \qquad (2.5-7)$$

式(2.5-7)将 SGS 分解为三部分,而关于建立 SGS 数学模型的论述在此不再赘述,可参考相关文献(Sagaut,1998;Versteeg et al.,1995)。

2.5.2 非静压模型的建立

非静压模型既然等同于纳维-斯托克斯方程,则可将其视为一种特殊形式的纳维-斯托克斯方程。结合前文关于线性水波的分析,可将压强分解为两部分,即静压与动压,两部具有明确的物理含义,表达式为 $p = p_h + p_n$,其中 p_h 代表静压,p_n 代表动压。纳维-斯托克斯方程改写为

$$\frac{\partial u_i}{\partial x_i} = 0, \quad i = 1, 2, 3 \qquad (2.5-8)$$

$$\frac{\partial u_i}{\partial t} + u_j \frac{\partial u_i}{\partial x_j} = -g\delta_{i3} - \frac{\partial p_h}{\rho \partial x_i} - \frac{\partial p_n}{\rho \partial x_i} + \nu \frac{\partial^2 u_i}{\partial x_j \partial x_j}, \quad i, j = 1, 2, 3$$
$$(2.5-9)$$

若忽略动压作用,即假定 $p_n = 0$,则控制方程式(2.5-9)退化为

$$\frac{\partial u_i}{\partial t} + u_j \frac{\partial u_i}{\partial x_j} = -\frac{\partial p_h}{\rho \partial x_i} + \nu \frac{\partial^2 u_i}{\partial x_j \partial x_j}, \quad i = 1, 2, j = 1, 2, 3 \qquad (2.5-10)$$

$$\frac{\partial w}{\partial t} + u_j \frac{\partial w}{\partial x_j} = -g - \frac{\partial p_h}{\rho \partial z} + \nu \frac{\partial^2 w}{\partial x_j \partial x_j}, \quad j = 1, 2, 3 \qquad (2.5-11)$$

式中,w 为垂向速度,即变量 u_3。 回顾浅水长波方程成立的条件,即垂向速度很小,垂向加速度较之重力加速度亦可忽略,则方程式(2.5-11)进一步简化为

$$0 = -g - \frac{\partial p_h}{\rho \partial z} \qquad (2.5-12)$$

沿垂向积分方程式(2.5-12),忽略自由表面的大气压强,推导得到压强的计算表达式为

$$p_h = \int_z^\eta \rho g \, dz = \rho g (\eta - z) \qquad (2.5-13)$$

将压强计算表达式(2.5-13)代入水平动量方程式(2.5-10)中,得

$$\frac{\partial u_i}{\partial t} + u_j \frac{\partial u_i}{\partial x_j} = -g \frac{\partial \eta}{\partial x_i} + \nu \frac{\partial^2 u_i}{\partial x_j \partial x_j}, \quad i=1,2, j=1,2,3 \quad (2.5-14)$$

方程式(2.5-14)即前文所述的浅水长波方程,又称静压模型。若动压作用不可忽略,而将静压的计算表达式(2.5-13)代入控制方程式(2.5-9)中,则可得到非静压模型,其表达式为

$$\frac{\partial u_i}{\partial t} + u_j \frac{\partial u_i}{\partial x_j} = -g \frac{\partial \eta}{\partial x_i} - \frac{\partial p_n}{\rho \partial x_i} + \nu \frac{\partial^2 u_i}{\partial x_j \partial x_j}, \quad i=1,2, j=1,2,3$$

$$(2.5-15)$$

$$\frac{\partial w}{\partial t} + u_j \frac{\partial w}{\partial x_j} = -\frac{\partial p_n}{\rho \partial z} + \nu \frac{\partial^2 w}{\partial x_j \partial x_j}, \quad j=1,2,3 \quad (2.5-16)$$

控制方程式(2.5-15)和式(2.5-16)中出现了新的变量,即水位函数 η,需要建立关于 η 的数学模型。沿水深积分连续性方程式(2.5-8),并应用自由表面及固定床面的运动学边界条件,得到连续性方程式(2.5-17):

$$\frac{\partial \eta}{\partial t} + \frac{\partial}{\partial x_i} \int_{-h}^{\eta} u_i \, \mathrm{d}z = 0, \quad i=1,2 \quad (2.5-17)$$

上述方程式(2.5-15)、式(2.5-16)和式(2.5-17)构成了模型完整的控制方程。

2.5.3 动压项引入的色散效应

通过前文关于非线性的浅水方程和 Boussinesq 方程的阐述,可知在浅水方程的基础上引入高阶的色散项,建立的 Boussinesq 方程提升了对水波色散性的模拟能力。非静压模型若忽略动压作用项,则退化为静压假定的浅水方程,而动压项的引入,使得非静压模型等同于纳维-斯托克斯方程。纳维-斯托克斯方程本质上对水波色散性的描述不受任何限制,故可推断非静压模型适用于水波色散性的模拟。

为验证上述关于非静压模型对水波色散效应模拟的有效性,针对简化的控制方程进行分析,仅针对垂直面内的二维情况,忽略控制方程中的非线性项和黏性项,控制方程表达为

$$\frac{\partial u}{\partial x} + \frac{\partial w}{\partial z} = 0 \quad (2.5-18)$$

$$\frac{\partial \eta}{\partial t} + h \frac{\partial \bar{u}}{\partial x} = 0 \quad (2.5-19)$$

$$\frac{\partial u}{\partial t} = -g\frac{\partial \eta}{\partial x} - \frac{\partial p_n}{\rho \partial x} \tag{2.5-20}$$

$$\frac{\partial w}{\partial t} = -\frac{\partial p_n}{\rho \partial z} \tag{2.5-21}$$

式中，u，w 分别为 x，z 方向的流速变量，$\bar{u}$ 为水平流速的水深平均值，h 为静水深，$\eta(x)$ 为水位函数，p_n 为动压。

参考线性微幅水波的流体质点速度的表达式(2.2-12)，引入如下关系表达式：

$$u = \hat{u}\cosh[k(z+h)e^{i(kx-\omega t)}] \tag{2.5-22a}$$

$$w = \hat{w}\sinh[k(z+h)e^{i(kx-\omega t)}] \tag{2.5-22b}$$

$$\eta = \hat{\eta}e^{i(kx-\omega t)} \tag{2.5-22c}$$

式中，$\hat{u}$，$\hat{w}$，$\hat{\eta}$ 对于特定的波参数为常数，其引入是为了表达简洁。将式(2.5-22b)代入式(2.5-21)，并做垂向积分 $\int_z^\eta \mathrm{d}z$，得到动压表达式为

$$\frac{p_n}{\rho} = -i\omega\hat{w}e^{i(kx-\omega t)}\frac{1}{k}\{\cosh[k(\eta+h)] - \cosh[k(z+h)]\} \tag{2.5-23}$$

对压强 p_n 做水深平均 $\frac{1}{h}\int_{-h}^\eta p_n\mathrm{d}z$，在 $\eta \ll h$ 的前提假定下，得到水深平均的压强表达式为

$$\frac{\bar{p}_n}{\rho} = -i\omega\hat{w}\frac{1}{k}\left[\cosh(kh) - \frac{\sinh(kh)}{kh}\right]e^{i(kx-\omega t)} \tag{2.5-24}$$

将式(2.5-22a,b)代入式(2.5-18)，得：

$$i\hat{u} + \hat{w} = 0 \tag{2.5-25}$$

由水平流速的表达式，并根据 $\eta \ll h$ 的前提假定，得：

$$\bar{u} = \hat{u}\frac{\sinh(kh)}{kh}e^{i(kx-\omega t)} \tag{2.5-26}$$

将式(2.5-26)代入式(2.5-19)，得：

$$-\hat{\eta}\omega + \hat{u}\sinh(kh) = 0 \tag{2.5-27}$$

将动量方程式(2.5-20)沿水深积分,得:

$$\frac{\partial \bar{u}}{\partial t} = -g\frac{\partial \eta}{\partial x} - \frac{\partial \bar{p}_n}{\rho \partial x} \qquad (2.5-28)$$

最后将式(2.5-24)、式(2.5-25)、式(2.5-26)和式(2.5-27)代入方程式(2.5-28),得:

$$\omega^2 = gk\tanh(kh) \qquad (2.5-29)$$

式(2.5-29)是完整的线性水波的色散关系式,由线性化的非静压模型推导得到,表明非静压模型准确地描述了水波的色散性。若忽略动压项,即非静压模型退化为静压假定下的浅水方程,在上述表达式的推导过程中去掉动压梯度项,可得到如下的浅水长波的色散关系式:

$$\omega^2 = ghk^2 \quad \text{或} \quad c = \frac{\omega}{k} = \sqrt{gh} \qquad (2.5-30)$$

至此非静压模型的理论框架梳理完毕,采用适当的数值方法及数值求解技术即可完成模型的数值求解。

2.6　非静压模型的数值求解

非静压模型的建立可以视为以静压模型为基础,将动压作用力引入到静压模型的非线性浅水方程。分析压强项的数学描述,非静压模型即为纳维-斯托克斯方程(不考虑湍流模式),仅是将压力分解为静压与动压两部分。若分析压强组成的物理背景,可知压力分解具有明确的物理意义,这一点从前文关于线性波理论的阐述可知。压力分解成分中的静压通过非线性浅水方程可直接求解,效率较高,多数非静压模型均利用了浅水方程求解的数值技术。

2.6.1　控制方程组的封闭

非静压模型的控制方程式(2.5-15)、式(2.5-16)和式(2.5-17)共包含四个控制方程(一个连续性方程和三个动量方程),但涉及五个未知数,即 u,v,w,p_n,η,方程组不封闭。为使控制方程组有确定解,需要补充一个控制方程。对于可压缩流体,可以补充关于压强的状态方程,如 $p = p(\rho, T)$。对于不可压缩流体,压强与流场速度的关联可作为方程组封闭的条件,即压强 p_n 引起的最终流速变量需要满足连续性方程式(2.5-8),方程组得以封闭。不可压缩流体运动数值求解的压力耦合方程的半隐式算法（semi-implicit method for pressure-linked equations，SIMPLE）是一种在预估流场的基础上，通过不断迭代求解压力值与流场速度值，从而最终得到收敛解的有效迭代算法。

控制方程组式（2.5-15）、式（2.5-16）和式（2.5-17）补充控制方程式（2.5-8）后构成了封闭的控制方程，可视为补充了关于动压 p_n 的约束方程。若观察控制方程组式（2.5-8）、式（2.5-15）和式（2.5-16），水位函数 η 为引入的新变量，需要补充关于 η 的约束方程使方程组封闭。将连续性方程式（2.5-8）沿水深积分，得到的控制方程式（2.5-17），恰好提供了关于水位函数 η 的约束方程，使得方程组封闭。

2.6.2　压力求解的迭代修正法

不可压缩流体运动控制方程的求解，本质上是求解压力-速度耦合问题。Patankar et al.（1972）将压力修正法发展成为一种实用的工程计算方法，称为 SIMPLE 算法。

压力修正法的基本思路是首先引入临时速度变量，在此基础上建立压力作用下的最终流速变量与压力的约束关系式。由于最终的流场速度变量需要满足连续性条件，从而建立了关于动压所满足的泊松方程。数值求解压力满足的泊松方程，计算得到压力值，再通过回代过程计算最终收敛的流场速度值。

首先，将速度变量的当地导数的数值离散格式拆分如下：

$$\frac{\partial \phi}{\partial t} = \frac{\phi^{n+1} - \tilde{\phi}}{\Delta t} + \frac{\tilde{\phi} - \phi^n}{\Delta t} \tag{2.6-1}$$

式中，$\tilde{\phi}$ 代表临时速度变量，$\phi = u, v, w$。临时速度变量不要求满足连续性条件，即该临时变量并非最终收敛解。将流速当地导数项做完全的数值离散，表达式为

$$\frac{u^{n+1} - u^n}{\Delta t} + \boldsymbol{V} \cdot \boldsymbol{\nabla} u = -\frac{1}{\rho}\frac{\partial p}{\partial x} + \boldsymbol{\nabla} \cdot (\nu \boldsymbol{\nabla} u) \tag{2.6-2}$$

$$\frac{v^{n+1} - v^n}{\Delta t} + \boldsymbol{V} \cdot \boldsymbol{\nabla} v = -\frac{1}{\rho}\frac{\partial p}{\partial y} + \boldsymbol{\nabla} \cdot (\nu \boldsymbol{\nabla} v) \tag{2.6-3}$$

$$\frac{w^{n+1} - w^n}{\Delta t} + \boldsymbol{V} \cdot \boldsymbol{\nabla} w = -g - \frac{1}{\rho}\frac{\partial p}{\partial z} + \boldsymbol{\nabla} \cdot (\nu \boldsymbol{\nabla} w) \tag{2.6-4}$$

考察式（2.6-1），分两步完成上述计算过程，即进行单一时步内的时间分裂。引

入临时速度变量 $\tilde{\phi}$，同时忽略压力作用项，得到如下控制方程：

$$\frac{\tilde{u}-u^{n}}{\Delta t}+\boldsymbol{V}\cdot\boldsymbol{\nabla}u=\boldsymbol{\nabla}\cdot(\nu\,\boldsymbol{\nabla}u)\qquad(2.6-5)$$

$$\frac{\tilde{v}-v^{n}}{\Delta t}+\boldsymbol{V}\cdot\boldsymbol{\nabla}v=\boldsymbol{\nabla}\cdot(\nu\boldsymbol{\nabla}v)\qquad(2.6-6)$$

$$\frac{\tilde{w}-w^{n}}{\Delta t}+\boldsymbol{V}\cdot\boldsymbol{\nabla}w=-g+\boldsymbol{\nabla}\cdot(\nu\boldsymbol{\nabla}w)\qquad(2.6-7)$$

将式(2.6-2)～式(2.6-4)与式(2.6-5)～式(2.6-7)相减，进一步得到控制方程为

$$\frac{u^{n+1}-\tilde{u}}{\Delta t}=-\frac{1}{\rho}\frac{\partial p}{\partial x}\qquad(2.6-8)$$

$$\frac{v^{n+1}-\tilde{v}}{\Delta t}=-\frac{1}{\rho}\frac{\partial p}{\partial y}\qquad(2.6-9)$$

$$\frac{w^{n+1}-\tilde{w}}{\Delta t}=-\frac{1}{\rho}\frac{\partial p}{\partial z}\qquad(2.6-10)$$

单一时步内的最终流速变量 u^{n+1}、v^{n+1}、w^{n+1} 必须满足连续性条件：

$$\frac{\partial u^{n+1}}{\partial x}+\frac{\partial v^{n+1}}{\partial y}+\frac{\partial w^{n+1}}{\partial z}=0\qquad(2.6-11)$$

将式(2.6-8)、式(2.6-9)、式(2.6-10)代入式(2.6-11)，得到压力满足的控制方程式为

$$\boldsymbol{\nabla}^{2}p=\frac{\rho}{\Delta t}\left(\frac{\partial\tilde{u}}{\partial x}+\frac{\partial\tilde{v}}{\partial y}+\frac{\partial\tilde{w}}{\partial z}\right)\qquad(2.6-12)$$

数值求解泊松形式的控制方程式(2.6-12)，计算得到压力值 p，再将计算得到的压力值 p 代入动量方程式(2.6-8)、式(2.6-9)和式(2.6-10)，计算得到更新的流速变量值。判断计算是否收敛，若未满足精度要求，则需要继续新的迭代过程。

　　上述压力修正法是不可压缩流体数值求解的一般性过程，在此基础上发展出了若干优化的计算方法(如 SIMPLE，SIMPLER 等算法)。各种改进算法的核心在于如何预估流速值，不同于方程式(2.6-5)～式(2.6-7)，可采用方程式(2.6-13)～式(2.6-15)计算预估流速变量：

$$\frac{\tilde{u} - u^n}{\Delta t} + \boldsymbol{V} \cdot \boldsymbol{\nabla} u = -\frac{1}{\rho} \frac{\partial p^n}{\partial x} + \boldsymbol{\nabla} \cdot (\nu \, \boldsymbol{\nabla} u) \tag{2.6-13}$$

$$\frac{\tilde{v} - v^n}{\Delta t} + \boldsymbol{V} \cdot \boldsymbol{\nabla} v = -\frac{1}{\rho} \frac{\partial p^n}{\partial y} \boldsymbol{\nabla} \cdot (\nu \boldsymbol{\nabla} v) \tag{2.6-14}$$

$$\frac{\tilde{w} - w^n}{\Delta t} + \boldsymbol{V} \cdot \boldsymbol{\nabla} w = -g - \frac{1}{\rho} \frac{\partial p^n}{\partial z} + \boldsymbol{\nabla} \cdot (\nu \boldsymbol{\nabla} w) \tag{2.6-15}$$

在此基础上,更新流速计算值,如下所示:

$$\frac{u^{n+1} - \tilde{u}}{\Delta t} = -\frac{1}{\rho} \frac{\partial (p^{n+1} - p^n)}{\partial x} \tag{2.6-16}$$

$$\frac{v^{n+1} - \tilde{v}}{\Delta t} = -\frac{1}{\rho} \frac{\partial (p^{n+1} - p^n)}{\partial y} \tag{2.6-17}$$

$$\frac{w^{n+1} - \tilde{w}}{\Delta t} = -\frac{1}{\rho} \frac{\partial (p^{n+1} - p^n)}{\partial z} \tag{2.6-18}$$

基于不同的预估流速的计算方法,各种压力修正算法的计算效率有所差异,表现为数值解的收敛速度不尽相同。

2.6.3　非静压模型数值求解的预估-校正法

不可压缩流体模型数值求解的压力校正法引入了临时速度变量,该临时速度变量不满足连续性条件,属于非真实的流速值。通过压力作用对流速变量进行更新,从而使最终修正的流速变量满足连续性条件。该思想可用于非静压模型的数值求解。前文所述非静压模型是将压强梯度项分解为静压梯度和动压梯度两项,而无论静压还是动压,均有确定的物理背景。将流体质点加速度分解为静压和动压的独立作用,分别求解,再相加,即可获得流速变量的时间演进。将这一求解过程称为预估-校正法,以下对该算法进行阐述。

1) 预估流场计算

首先控制方程中忽略动压梯度项,仅考虑静压梯度项,控制方程组表达为

$$\frac{\tilde{u} - u^n}{\Delta t} + \boldsymbol{V} \cdot \boldsymbol{\nabla} u = -g \frac{\partial \eta}{\partial x} + \boldsymbol{\nabla} \cdot (\nu \, \boldsymbol{\nabla} u) \tag{2.6-19}$$

$$\frac{\tilde{v} - v^n}{\Delta t} + \boldsymbol{V} \cdot \boldsymbol{\nabla} v = -g \frac{\partial \eta}{\partial y} + \boldsymbol{\nabla} \cdot (\nu \, \boldsymbol{\nabla} v) \tag{2.6-20}$$

$$\frac{\tilde{w} - w^n}{\Delta t} + \boldsymbol{V} \cdot \boldsymbol{\nabla} w = \boldsymbol{\nabla} \cdot (\nu \, \boldsymbol{\nabla} w) \qquad (2.6-21)$$

动量方程中忽略动压梯度项,得到的是静压模型,理论上模型已经退化为浅水长波方程。通过上文关于浅水长波方程的讨论,可知浅水长波方程忽略了求解垂向速度的动量方程式(2.6 - 21),垂向速度可根据连续性方程获得,即为

$$\frac{\partial \tilde{u}}{\partial x} + \frac{\partial \tilde{v}}{\partial y} + \frac{\partial \tilde{w}}{\partial z} = 0 \qquad (2.6-22)$$

水位函数 η 通过水深积分的连续性方程计算得到,表达式为

$$\frac{\tilde{\eta} - \eta^n}{\Delta t} + \frac{\partial}{\partial x}[U(h + \eta)] + \frac{\partial}{\partial y}[V(h + \eta)] = 0 \qquad (2.6-23)$$

其中,U 和 V 为水平流速的水深平均值,可以基于 n 时刻的已知流速值 (u^n, v^n) 计算,也可由预估步的流速值 $(\tilde{u}, \tilde{v})$ 计算。前一种变量的取值使得数值离散格式成为显式格式,只做时间推进即可完成。后一种变量的取值使得数值格式成为隐式格式,需要联立求解控制方程组。

2) 校正流场计算

预估流场的计算可退化为浅水方程求解模式,若计算就此终止,则得到了浅水长波的数值解。虽然反映物理过程的精度有所欠缺,但其是部分压力作用下的流动近似解,具有明确的物理意义。对于非静压模型,需要进一步对流动变量进行校正。垂向速度通过垂向动量方程解得,即需要在预估步中数值求解方程式(2.6 - 21)。求解方程式(2.6 - 19)、式(2.6 - 20)和式(2.6 - 21),得到临时速度变量 $(\tilde{u}, \tilde{v}, \tilde{w})$,此时的流速变量不满足连续性方程,流速变量值需要做校正。建立如下方程组:

$$\frac{u^{n+1} - \tilde{u}}{\Delta t} = -\frac{1}{\rho} \frac{\partial p_n}{\partial x} \qquad (2.6-24)$$

$$\frac{v^{n+1} - \tilde{v}}{\Delta t} = -\frac{1}{\rho} \frac{\partial p_n}{\partial y} \qquad (2.6-25)$$

$$\frac{w^{n+1} - \tilde{w}}{\Delta t} = -\frac{1}{\rho} \frac{\partial p_n}{\partial z} \qquad (2.6-26)$$

动压修正后的流速变量需要精确满足连续性条件,将方程式(2.6 - 24)、式(2.6 - 25)和式(2.6 - 26)代入连续性方程式(2.6 - 27),进而得到动压满足的泊

松方程式(2.6-28)。

$$\frac{\partial u^{n+1}}{\partial x} + \frac{\partial v^{n+1}}{\partial y} + \frac{\partial w^{n+1}}{\partial z} = 0 \qquad (2.6-27)$$

$$\mathbf{V}^2 p_n = \frac{\rho}{\Delta t}\left(\frac{\partial \tilde{u}}{\partial x} + \frac{\partial \tilde{v}}{\partial y} + \frac{\partial \tilde{w}}{\partial z}\right) \qquad (2.6-28)$$

数值解得动压 p_n 值后,流速变量的更新值由方程式(2.6-24)、式(2.6-25)和式(2.4-26)计算得到,完成一个时间步的数值求解。

非静压模型数值求解的预估-校正法与不可压缩流体的纳维-斯托克斯方程的压力修正法本质上是相同的。分析标准的 SIMPLE 算法,可知在时间推进过程中,即 $n \to n+1$ 时步内,流速预估、压力求解、流速校正这一过程通常需要反复迭代直至计算结果收敛。而非静压模型的预估-校正算法流程中各计算过程均只进行一次,效率较高。该算法的可行性从压力的分解可获得粗略的认知,即压力分解为静压和动压,两部分均有实际的物理背景。特别是对于带自由表面的地表水流运动,静压作为水流运动的驱动力之一,计算得到的流场变量已经具有一定的精度,仅需动压进行一步校正即可满足精度要求。

非静压模型的建立是基于水波模拟的框架,具有明确的理论基础及适用性,即弥补了浅水长波方程对于波动色散性模拟的缺陷。从数值求解的角度分析,以静压作用下计算得到的流速变量作为预估值,通过动压校正获得最终的流动变量,属于一种较独特的压力-速度耦合计算方法。无论是对理论基础框架的梳理,还是对数值求解方法的分析,均显示非静压模型与静压模型(非线性浅水方程)有着内在的延续性。

虽然非静压模型本质上等同于纳维-斯托克斯方程,但将其冠以"非静压"可以很好地凸显其特征。从模型应用的角度分析,非静压模型主要应用于带自由表面的水流运动的模拟,压强一定程度上近似满足静压假定的条件。若对于诸如内流等问题,该静压条件可能不复存在,故非静压模型可视为纳维-斯托克斯方程的一种特殊的形式,具有特定的应用范围。

非静压模型建立的理论基础来自水波运动的分析,静压模型的浅水长波同样属于水波运动的建模。但从纳维-斯托克斯方程中压力分解的角度分析,非静压模型不仅限于模拟水波运动,对于由于结构物的存在或地形剧变等引起的带自由表面水流运动的模拟同样适用。

第 3 章

非静压模型的数值求解

流体动力学数学模型的数值求解基本过程可概括为空间网格剖分、控制方程数值离散和代数方程组求解(针对隐式离散格式)。其中的空间网格剖分形式与数值离散格式之间虽然没有必然的确定性,如有限差分法并不一定要求采用结构化网格,也可以采用非结构化网格,但从算法实现角度考虑,不同的数值格式有最适用的计算网格类型。有限差分法适宜结构化计算网格,有限体积法在结构化、非结构化网格基础上均较易实现。非静压水波模型数值求解的常见数值方法包括有限体积法(FVM)、有限差分法(FDM)和有限元法(FEM)。相关文献在绪论一节有所提及,此处不再做展开。本章节主要介绍一种有限体积法的实现过程。

3.1 自由表面捕捉方法

带自由表面的水流运动,流体计算域随时间变动,水流运动的求解需要在限定的计算域内完成,即需要首先确定自由表面的瞬时位置。自由表面的边界条件是水流运动的定解条件,需要在确定的边界位置设定。自由表面时空位形的捕捉至关重要,不同的算法对于自由表面捕捉的模拟精度与计算效率存在着一定的差异。捕捉自由表面的数值方法大体上可分为直接追踪法和间接模拟法。直接追踪法常见的有标记网格(marker and cell,MAC)法和流体体积(volume of fluid,VOF)法等,间接模拟法主要是指通过求解自由表面满足的控制方程确定自由表面位形函数。以下简要介绍几种应用较普遍的自由表面捕捉的数值方法。

3.1.1 自由表面捕捉的 MAC 数值方法

MAC 法是最早由 Harlow et al. (1965)提出的自由表面数值捕捉方法。该方法的思想是基于固定的欧拉网格和控制体积,布置若干无质量的质点随流体一起运动,运动的质点标识了计算网格内的流体单元(见图3.1-1)。质点的空间位置分布通过求解质点运动的动力学方程得到,该方法本质上属于拉格朗日法。含有标记粒子的计算网格设为流体域,而没有标记质点的计算网格设为空域。当某网格为流体单元,但其邻单元内至少存在一个空域单元时,将该单元定义为自由表面,即确定了流体域边界。在自由表面的运动过程中,自由表面所占据的计算网格不断变化,需要不断地定义计算网格的属性。同时在自由表面单元内设定流体运动的动力学及运动学边界条件。

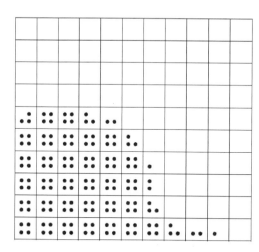

图3.1-1 MAC法粒子分布示意

MAC法的本质在于其所标记的质点不是直接追踪自由表面,而是追踪流体体积,自由表面只是体积的边界,用体积的破碎或融合表示表面的出现、融合和消失。自MAC法提出以来,研究者已经发展了很多改进的MAC法,拓宽了其适用范围,提高了模拟精度(Miyata, 1986; Tomé et al., 1993, 1994; Nakayama et al., 1996)。

MAC法属于拉格朗日法的范畴,最大的优势是可以追踪大变形的自由表面,如波浪破碎、溃坝流动等。但MAC法因为需要很大的内存和大量CPU时间计算标记质点,通常对每个网格内的多个标记质点进行平均才能保证大变形时的计算精度,多见于二维应用。标记质点的另一个缺陷是当流体汇聚或分散时模拟效果不好。由于标记点通常追踪流体单元的中心,当流体单元堆积在一起时标记点无法对流体进行精确描述。当发生标记质点汇聚或分散时,如果标记质点间的距离足够远,会导致流体计算域中出现非真实的空隙,带来误差。

3.1.2 自由表面捕捉的 VOF 法

VOF法最早由 Hirt et al. (1981)提出,用于数值捕捉不同介质混合流动的交界面,目前已经发展成为自由表面捕捉的常用方法,获得了广泛的应用。VOF法的基本思想是在流场中定义一个流体体积函数 F,其值等于流体体积与网格体积的比值,介于 0 和 1 之间(见图3.1-2)。流体单元所对应的函数值 F

为 1,空单元所对应的函数值 F 为 0,而 F 值介于 0 和 1 之间的单元为界面单元。流体体积函数满足对流方程,通过求解任意时刻的控制方程,即可获得全流场的流体体积函数的分布。自由表面的坡度和曲率用相邻网格的体积百分比计算,这个过程称为运动界面的几何重构。

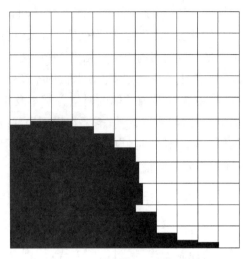

图 3.1-2 VOF 法体积分数示意

基于离散计算网格的流体运动的数值求解,每个计算网格均包含若干流体属性,包括速度、压力、密度、能量等。将流体体积函数作为流体属性引入求解系统,并未显著增加计算量。MAC 法需要追踪标记点,标记点的网格分布并非均匀的,与流场结构相关。但 VOF 法以计算网格内流体的体积函数作为一个标量值加以数值求解,空间分辨率等同于计算网格。对于计算资源的消耗而言,VOF 法较 MAC 法大大降低。

VOF 法需要对边界条件进行特殊处理,由于自由表面在计算网格内运动,包含流体的网格不断变化,即求解区域不断变化,需要在变化的自由表面区域施加合适的表面应力条件。更新流动区域和施加边界条件是很重要的工作,因此一些 VOF 的近似方法对液体和气体都进行了计算,典型的做法是把流动看作是一种变密度的流体运动,用 F 表示密度。由于是对液体和气体同时求解,因此不需要设置界面边界条件。虽然界面条件的设定简化了,但该方法存在一些局限性。一方面是气体对压力变化的敏感性远大于液体,在压力-速度耦合求解时不易收敛,往往需要大量的 CPU 计算时间;另一方面与界面切向速度的不连续性有关。因为界面上液体和气体对压力、速度的响应不同,变密度方法模拟界面运动是用平均速度模拟的,这经常导致界面的不正常运动。要精确追踪气液界面,必须把界面用不连续的方式来处理,即必须用一种方法定义界面的不连续性,同时在界面上加入边界条件,从而使用特殊的数值方法在保持不连续特性的前提下追踪网格内自由界面的运动。

VOF 法在一维流动问题中可以精确模拟界面,流体界面位于相邻网格体积百分比是 0 和 100% 的网格之间。流体必然靠近百分比为 100% 的网格,界面位置可以用体积百分比表示。但是在二维和三维问题中,虽然可以用类似的相邻网格的方法,但是不能像一维那样精确。

VOF 法目前已经成为模拟多介质混合流动交界面运动的重要方法之一,获得了大量的应用实例验证。无论 MAC 法还是 VOF 法,均属于直接模拟法,通过跟踪标记点或捕获流体体积函数的时空变化实现自由交界面的捕捉。这类方法一定程度上依赖于数值求解的时空分辨率及相应的数值算法的精度。当捕捉水气界面运动时,如波浪运动,需要在界面局部设置分辨率足够高的计算网格。当计算网格分辨率较低时,自由表面捕捉效果不佳。对于明渠流动,自由表面波动量较小时,需要足够精细化的计算网格用以分辨水位波动,计算耗时显著增加。

3.1.3 自由表面捕捉的间接模拟方法

将自由表面视为一个非定常运动的曲面,依据流动须满足的物理条件建立相应的控制方程,通过求解方程,计算得到描述该曲面的某一个指标值,从而实现对自由表面的数值捕捉。这类方法属于间接的模拟方法,通常设定坐标系中的某一平面作为参考平面,将自由表面距离该参考平面的距离设为控制参数(通常取垂向坐标值)。例如设定自由表面高程为 $S(x, y, t)$,依据物理定律建立关于 $S(x, y, t)$ 的数学描述式,进而通过数值求解获得曲面函数。

利用自由表面的运动学边界条件建立控制方程是一种常用的计算方法。设自由表面的曲面方程满足如下关系式:

$$F(x, y, z, t) = S(x, y, t) - z = 0 \qquad (3.1-1)$$

构成自由表面的水粒子永远随曲面运动,不能脱离该曲面,故该曲面方程必须满足 $\dfrac{DF}{Dt} = 0$ 的限制条件。由质点导数的运算规则进一步得到自由表面高程函数所满足的关系式:

$$\frac{\partial S}{\partial t} + u_s \frac{\partial S}{\partial x} + v_s \frac{\partial S}{\partial y} - w_s = 0 \qquad (3.1-2)$$

结合前文所述,式(3.1-2)即为自由表面的运动学边界条件。在已知自由表面处流体质点速度的前提条件下,通过时间积分式(3.1-2)来更新自由表面位置的高程函数,从而确定流体计算域,在确定的计算域内进行流场的数值求解。

由自由表面的运动学边界条件可以得到自由表面的高程函数,此外,从物理定理出发,也可获得自由表面高程的其他计算方法。回顾前文关于浅水方程的描述,浅水方程由连续性方程和动量方程构成,其中将连续性方程进行水深积

分,利用莱布尼茨积分定理,并引入运动学边界条件,得到了连续性方程的另一种表达式:

$$\frac{\partial \eta}{\partial t} + \frac{\partial}{\partial x}\left[U(h+\eta)\right] + \frac{\partial}{\partial y}\left[V(h+\eta)\right] = 0 \qquad (2.3-16)$$

式中,U 和 V 为水深平均流速,η 为自由表面高程函数。在流场速度已知的条件下,可以时间积分式(2.3-16)以得到自由表面的高程函数。式(2.3-16)是连续性方程的一种表现形式,本质上为流体质量守恒,在此可视为自由表面高程函数所满足的一种控制方程。

　　无论是基于自由表面运动学边界条件,还是基于连续性方程,通过计算自由表面高程来确定自由表面的时空变化,都要求该高程函数是水平空间平面内的单值函数。对于数值求解而言,上述的间接模拟法得到的是某垂直水体内自由表面高程值在水平单元内的平均值,自然无法描述在该计算单元内出现自由表面破碎、翻卷等情况。这一类方法适合缓变自由表面的捕捉,不适用于诸如自由表面破碎、翻卷等情况的模拟。

　　与直接追踪法相比,间接模拟法在计算效率上略胜一筹,但在模拟精度上有所降低。此处所谓的模拟精度的降低并非一概而论,如对于波浪破碎过程的数值模拟,直接追踪法可以捕获自由表面的复杂形态,但间接模拟法仅能获得局部平均化的高程函数。如对于前文所述的明渠流动,直接追踪法需要较高的垂向网格分辨率才可以保证自由表面捕获精度,而间接模拟法并不需要交界面处的网格加密即可获得较高精度的自由表面高程值。对于大尺度的带自由表面的缓流运动的数值模拟,间接模拟法因其精度与效率的结合得到了广泛应用。

3.2　坐标变换

　　流体力学数值模拟是基于空间离散点或单元将微分方程离散化,从而得到离散的数值解。特定的数值方法需要适当的计算网格,如有限差分法通常建立在均匀的笛卡儿计算网格上。当计算网格不再均匀时,或为了更好地拟合不规则边界,网格线成为曲线,则微分方程的描述需要做坐标变换,以适应特定的计算网格。坐标变换的思想通常是将微分方程改写,从而将数值离散的求解过程从物理域转至计算域。本书并不对一般的坐标变换方法进行阐述,仅针对该类模型经常采用的垂向坐标变换略做阐述。

3.2.1 变动计算域的模拟方法简述

带自由表面流动的流体域一直处于变动中,数值模拟过程中首先需要确定自由表面位置,即确定流体计算域。采用 MAC 法、VOF 法或高程函数法均可确定自由表面的位置,进而在确定的流体计算域内数值求解流动控制方程。

对于变动计算域的动力学求解,主要有拉格朗日法和欧拉法。拉格朗日法又可称为物质点法,该方法描述的网格和研究对象是一体的,网格节点即为物质点。采用这种方法时,研究对象形状的变化和单元网格的变化完全是一致的,物质不会在单元与单元之间发生流动。这种方法主要的优点是能够非常精确地描述物体边界的运动,但在处理大变形问题时,可能会出现严重的网格畸变现象,导致计算难以顺利进行。欧拉法以空间坐标为基础,网格在整个分析过程中始终保持最初的空间位置不动。网格节点即为空间点,其所在空间的位置在整个分析过程中始终是不变的。使用这种方法时,网格与网格之间物质是可以流动的,计算单元即为流动的控制体。在流固耦合数值模拟方法中,ALE 法兼具拉格朗日法和欧拉法两者的特长。对于固体结构运动边界的处理,引进了拉格朗日法的特点,因此能够有效地跟踪物质结构边界的运动。内部网格的划分吸收了欧拉法的长处,其内部网格单元独立于物质实体而存在。ALE 网格又不完全和欧拉网格相同,网格可以根据定义的参数在求解过程中适当调整位置,使得网格不至于出现严重的畸变。这种方法在分析大变形问题时是比较有效的。

基于 MAC 法和 VOF 法捕捉自由表面,计算网格保持不动,属于欧拉法范畴。如果通过高程函数确定自由表面位置,然后在固定网格系统中更新流体域,仍属于欧拉法。考察自由表面水流运动,计算域的变动仅限于垂向,可采用一种简化的 ALE 法。首先在垂向确定自由表面位置,然后在垂向重新划分网格,垂向网格数量保持不变。物理域内垂向计算网格虽然处于变动之中,但网格节点的运动速度并非流体质点速度,计算单元与物质点是独立的。这种方法称为 σ 坐标变换法,最早由 Phillips N A(1957)提出,已经广泛应用于带自由表面水流的数值模型中,如 Mellor 等人开发的 POM 模型、荷兰水利研究所的 Delft3D 模型和 TELEMAC3D 模型等均采用 σ 坐标变换。该自由表面捕捉方法本质上属于坐标变换法,控制方程需做修改,从而将变动的物理域映射至固定的计算域。

3.2.2 σ 坐标变换

本书模型亦采用垂向的 σ 坐标变换进行控制方程的改写及数值求解。对于缓变的自由表面水流运动,自由表面可视为水平计算域内的单值函数,即自由表面的高程函数。在垂直坐标轴方向引入 σ 坐标变换（Phillips N A, 1957），该坐标变换的数学表达式为

$$\sigma = \frac{z - \eta}{\eta + h} = \frac{z - \eta}{H} \qquad (3.2-1)$$

式中，z 为物理计算域内的垂向坐标；η 为自由表面的水位函数值，即自由表面的高程函数；$-h$ 为底面高程；$H = \eta + h$ 为当地总水深值。σ 坐标变换的示意图如图 3.2-1 所示，物理域中变动的垂向计算空间 $[-h, \eta]$ 变换至计算域中固定的计算空间 $[-1, 0]$。

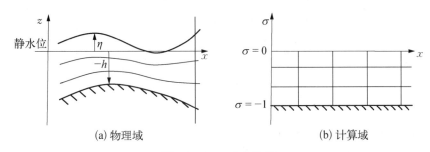

图 3.2-1　σ 坐标变换

　　σ 坐标变换将流体运动的求解由物理域转换至计算域，在物理计算域内，各网格点的垂向坐标随着自由表面的运动而变动；而在计算域内，各网格点的垂向坐标值固定不变。通过 σ 坐标转换，计算域由动变静，数值离散难度有所降低，但控制方程及流动变量的描述则有所改变，这一变化将体现在经过转化的流体运动的控制方程中。

　　两个坐标系之间的坐标做如下转化：$(x, y, z, t) \rightarrow (x_*, y_*, \sigma, t_*)$，其中 $x_* = x$，$y_* = y$，$t_* = t$。依据链导计算法则，可将物理域内相关物理量的梯度计算转换至计算域内相应的计算。便于表述的一般性，现设 G 为某物理量，其梯度计算为

$$\frac{\partial G}{\partial t} = \frac{\partial G}{\partial t_*} - \frac{\partial G}{\partial \sigma}\left(\frac{1}{H}\frac{\partial \eta}{\partial t_*} + \frac{\sigma}{H}\frac{\partial H}{\partial t_*}\right)$$

$$\frac{\partial G}{\partial x} = \frac{\partial G}{\partial x_*} - \frac{\partial G}{\partial \sigma}\left(\frac{1}{H}\frac{\partial \eta}{\partial x_*} + \frac{\sigma}{H}\frac{\partial H}{\partial x_*}\right) \qquad (3.2-2)$$

$$\frac{\partial G}{\partial y} = \frac{\partial G}{\partial y_*} - \frac{\partial G}{\partial \sigma}\left(\frac{1}{H}\frac{\partial \eta}{\partial y_*} + \frac{\sigma}{H}\frac{\partial H}{\partial y_*}\right)$$

$$\frac{\partial G}{\partial z} = \frac{1}{H} \frac{\partial G}{\partial \sigma}$$

上述坐标转换关系显示 σ 坐标系中相应计算的复杂程度增加,同时将一项计算转化为两项的和差,虽然理论上正确,但在实际数值计算过程中可能会引入较显著的数值误差。σ 坐标变换后的垂向计算域是固定不变的,引入一个当前 σ 坐标系下的垂向速度,定义为 $\tilde{\omega}$,其与原坐标系下的速度的计算关系为

$$
\begin{aligned}
\tilde{\omega} = \frac{\mathrm{d}\sigma}{\mathrm{d}t} &= \frac{\partial \sigma}{\partial t} + u \frac{\partial \sigma}{\partial x} + v \frac{\partial \sigma}{\partial y} + w \frac{\partial \sigma}{\partial z} \\
&= \frac{w}{H} - \frac{u}{H} \left(\sigma \frac{\partial H}{\partial x_*} + \frac{\partial \eta}{\partial x_*} \right) - \frac{v}{H} \left(\sigma \frac{\partial H}{\partial y_*} + \frac{\partial \eta}{\partial y_*} \right) \\
&\quad - \frac{1}{H} \left(\sigma \frac{\partial H}{\partial t_*} + \frac{\partial \eta}{\partial t_*} \right)
\end{aligned}
\tag{3.2-3}
$$

令 $\omega = H\tilde{\omega}$(具有速度量纲),则:

$$
\omega = w - u \left(\sigma \frac{\partial H}{\partial x_*} + \frac{\partial \eta}{\partial x_*} \right) - v \left(\sigma \frac{\partial H}{\partial y_*} + \frac{\partial \eta}{\partial y_*} \right) - \left(\sigma \frac{\partial H}{\partial t_*} + \frac{\partial \eta}{\partial t_*} \right)
\tag{3.2-4}
$$

考察自由水面的运动学边界条件,表达式为

$$
w_\mathrm{S} = \frac{\partial \eta}{\partial t_*} + u_\mathrm{S} \frac{\partial \eta}{\partial x_*} + v_\mathrm{S} \frac{\partial \eta}{\partial y_*}
\tag{3.2-5}
$$

式中,下标 S 代表自由表面,即 u_S,v_S,w_S 为自由表面处的流体质点速度。将式(3.2-5)带入式(3.2-4),同时设定 $\sigma = 0$,得:

$$
\omega_\mathrm{S} = w_\mathrm{S} - u_\mathrm{S} \frac{\partial \eta}{\partial x_*} - v_\mathrm{S} \frac{\partial \eta}{\partial y_*} - \frac{\partial \eta}{\partial t_*} = 0
\tag{3.2-6}
$$

考察床面的运动学边界条件,表达式为

$$
w_\mathrm{B} = \frac{\partial(-h)}{\partial t_*} + u_\mathrm{B} \frac{\partial(-h)}{\partial x_*} + v_\mathrm{B} \frac{\partial(-h)}{\partial y_*}
\tag{3.2-7}
$$

式中,下标 B 代表床面,即 u_B,v_B,w_B 为床面的运动速度。将式(3.2-7)带入式(3.2-4),同时设定 $\sigma = -1$,得:

$$\omega_B = w_B + u_B \frac{\partial h}{\partial x_*} + v_B \frac{\partial h}{\partial y_*} + \frac{\partial h}{\partial t_*} = 0 \qquad (3.2-8)$$

新引入的速度变量 $\omega(\bar{\omega})$ 与其他流动变量相关,其在自由表面和床面边界处均为零。引入新的垂向速度变量后,坐标变换后的控制方程的形式得以简化(后文详述),有利于数值离散求解过程的简化。

3.2.3　σ 坐标变换的讨论

经过 σ 坐标变换,物理域内垂向变动的流体域转换为 σ 坐标方向固定的计算域,自由表面和床面(变动的)对应固定的 σ 坐标值。自由表面与床面由运动学边界条件确定,通过求解显含自由表面高程函数的连续性方程得到。确定自由表面的直接追踪法的计算依赖于计算网格的分辨率(尤其是垂向分辨率),而高程函数独立于所采用的垂向计算网格分辨率。求解高程函数的控制方程来源于连续性方程,故 σ 坐标变换对于自由表面和床面的拟合理论上是精确的。但 σ 坐标变换属于单值变换,所以不适用于自由表面翻卷、破碎的流动情况,通常应用于自由表面缓变的水流模拟。

引入 σ 坐标变换,水平扩散项表达式的复杂程度大大增加,给数值离散带来了不便,并且由于附加项的引入,数值误差显著增加。Mellor et al. (1985)首先对扩散项做了简化,使得数值误差降低,并且数值离散过程中的困难也有所减少。但由于忽略了一些计算项,带来了一定的物理本质上的差异。Huang et al. (1996,2002)提出了一种新的扩散项表达式及计算方法,计算精度得到了很大的提高,但地形坡度较大时,计算误差仍较大,甚至计算达不到收敛条件。Stelling et al. (1994)提出了一种在陡坡情况下应用的有限体积方法,不受上述条件限制,但计算工作量成倍地增加,使得其工程应用受到了一定的限制。实践表明相关的数值模拟过程中必须满足 Haney(1991)提出的"静水一致性"条件,数值计算才能稳定,"静水一致性"条件为

$$\left| \frac{\sigma}{H} \frac{\partial H}{\partial x} \right| < \frac{\Delta \sigma}{\Delta x} \qquad (3.2-9)$$

式中,H 为水深值,$\Delta \sigma$ 为垂向计算网格尺度,Δx 为水平计算网格尺度。式(3.2-9)表明,数值离散过程中,计算网格的分辨率需要一定的限制条件才能保证数值的稳定性。随后许多学者在各自的研究中也都注意到了这一问题,如 Stansby(1997)采用半隐式法模拟浅水流动时,将压力梯度项的计算仍放在原坐标系下进行,以此减小坐标变换引入的误差。

针对上述坐标变换引入的问题,考察具体的扩散项的数值计算,分析误差原因,探讨可能的解决途径。便于表述的一般性,设定某一物理量为 S,将其在笛卡儿坐标系下的水平扩散的计算表达式转换至 σ 坐标系。为了简化分析,以下仅针对一维问题进行讨论。相关的计算在两个坐标系间的数学描述如下所示:

$$\frac{\partial^2 S}{\partial x^2} = \frac{\partial^2 S}{\partial x_*^2} - 2\frac{\partial^2 S}{\partial \sigma \partial x_*}\left(\frac{\sigma}{H}\frac{\partial H}{\partial x_*} + \frac{1}{H}\frac{\partial \zeta}{\partial x_*}\right)$$

$$+ \frac{\partial^2 S}{\partial \sigma^2}\left(\frac{\sigma}{H}\frac{\partial H}{\partial x_*} + \frac{1}{H}\frac{\partial \zeta}{\partial x_*}\right) - \frac{\partial S}{\partial \sigma}\frac{\partial}{\partial x_*}\left(\frac{\sigma}{H}\frac{\partial H}{\partial x_*} + \frac{1}{H}\frac{\partial \zeta}{\partial x_*}\right)$$

$$+ \frac{\partial S}{\partial \sigma}\frac{\partial}{\partial \sigma}\left(\frac{\sigma}{H}\frac{\partial H}{\partial x_*} + \frac{1}{H}\frac{\partial \zeta}{\partial x_*}\right)\left(\frac{\sigma}{H}\frac{\partial H}{\partial x_*} + \frac{1}{H}\frac{\partial \zeta}{\partial x_*}\right) \qquad (3.2-10)$$

式(3.2-10)是完整的转化关系式,可见在 σ 坐标系下的数学描述形式的复杂程度显著增加。数值离散、数值求解过程的难度也有所增加,参见 Huang et al. (1996)的文章。Mellor et al. (1985)对上式做了简化处理,只保留变换后的第一项做数值计算,忽略表达式(3.2-10)中的其他项。Huang et al. (1996)提出了另一种简化表达式,忽略式(3.2-10)中的部分项,并对计算的实际效果做了验证。之后,Huang et al. (2002)提出了进一步的计算方法,即水平扩散项的计算仍在原坐标系中进行,但差分计算中某空间点处的变量值需要通过 σ 坐标系下网格点处的变量值插值计算得到。空间离散点处变量值的插值计算精度依赖于插值函数,Huang et al. (2002)采用二阶拉格朗日插值法做了实例分析。

从另一个角度分析 σ 坐标变换带来的数值问题,有助于对该问题的理解。分析式(3.2-2),其中计算式

$$\frac{\partial \sigma}{\partial x_*} = \frac{\sigma}{H}\frac{\partial H}{\partial x_*} + \frac{1}{H}\frac{\partial \eta}{\partial x_*} \neq 0, \quad \frac{\partial \sigma}{\partial y_*} = \frac{\sigma}{H}\frac{\partial H}{\partial y_*} + \frac{1}{H}\frac{\partial \eta}{\partial y_*} \neq 0$$

可知 (x_*, y_*, σ) 组成了非正交坐标系,在数值求解过程中对该非正交项的处理不当将会带来较大的数值误差。回顾式(3.2-9),其给出了当地的地形变化与计算网格分辨率之间的限制条件。针对缓变的地形条件,满足数值稳定性的计算网格限制条件较易满足,此时 (x_*, y_*, σ) 坐标系的正交性较好;而对于地形变化较剧烈的情况,此时 (x_*, y_*, σ) 坐标系的正交性较弱,为保证数值稳定性则对计算网格的设计提出了较高的要求。

3.2.4 σ 坐标系中水平扩散项的计算

σ 坐标的引入导致控制方程数学描述的复杂程度增加,数值离散、求解趋于

复杂化。理论上变换后的控制方程是完备的,虽然数值求解工作量增加,但数值解的精度是有保障的。然而实际的数值求解过程中,方程中引入的某些项在一定的条件下会带入较大的数值误差,甚至导致计算发散。通常将变换方程做适当的简化,同时改进数值算法以达到计算的精度要求。本节以水平扩散项为例,对比分析几种不同计算方法的计算精度。

　　针对立面的二维问题建立计算模型,两个坐标系 (x, z) 和 (x', σ) 的转换如图 3.2 - 2 所示,相应的坐标变换为

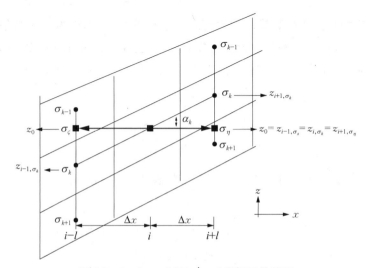

图 3.2 - 2　(x, z) 与 (x', σ) 坐标系的关系

$$\begin{cases} x = x' \\ z = \psi(x', \sigma) = \sigma H(x') \end{cases} \qquad (3.2-11)$$

式中,$\sigma = 0$ 对应于自由表面,$\sigma = -1$ 对应于底部床面。模拟标量物质 S 的纯扩散运动,建立抛物型的扩散方程为

$$\frac{\partial S}{\partial t} = \frac{\partial}{\partial x}\left(A_h \frac{\partial S}{\partial x}\right) + \frac{\partial}{\partial z}\left(A_v \frac{\partial S}{\partial z}\right) \qquad (3.2-12)$$

对上述方程进行坐标变换,引入如下变换关系式:

$$\begin{cases} \dfrac{\partial S}{\partial z} = \dfrac{1}{H} \dfrac{\partial S}{\partial \sigma} \\[3mm] \dfrac{\partial S}{\partial x} = \dfrac{\partial S}{\partial x'} - \dfrac{1}{H} \dfrac{\partial S}{\partial \sigma}\left(\sigma \dfrac{\partial H}{\partial x'}\right) = \dfrac{\partial S}{\partial x'} - \dfrac{\psi_x'}{H} \dfrac{\partial S}{\partial \sigma} \end{cases} \qquad (3.2-13)$$

式中，$\dfrac{\partial \psi}{\partial x} = \psi_{x'} = \psi_x = \sigma \dfrac{\partial H(x')}{\partial x'} = \tan \alpha$，角度 α 如图 3.2 - 2 所示。基于以上转化关系，(x, z) 坐标系中水平扩散项转化至 (x', σ) 坐标系，表达式为

$$Q_{xx} = \frac{\partial}{\partial x}\left(A_h \frac{\partial S}{\partial x} \right) = \frac{\partial}{\partial x'}\left(A_h \frac{\partial S}{\partial x'} \right) - 2 \frac{\partial}{\partial x'}\left(\frac{A_h \psi_{x'}}{H} \frac{\partial S}{\partial \sigma} \right)$$

$$+ \frac{A_h \psi_{x'}^2}{H} \frac{\partial}{\partial \sigma}\left(\frac{1}{H} \frac{\partial S}{\partial \sigma} \right) + \frac{1}{H} \frac{\partial S}{\partial \sigma}\left(\psi_{x'} \frac{\partial A_h}{\partial x'} + A_h \frac{\partial \psi_{x'}}{\partial x'} \right) \quad (3.2 - 14)$$

水平扩散项经坐标转换后的表达式复杂程度大大增加，增加了数值计算的难度，并且计算过程中易产生较大的数值误差，造成计算过程不收敛。所以在实际应用中通常对该式做一定程度上的简化处理。Mellor et al. (1985)对式 (3.2 - 14) 做了简化，简化后的表达式为

$$Q_{xx} = \frac{\partial}{\partial x'}\left(A_h \frac{\partial S}{\partial x'} \right) \quad (3.2 - 15)$$

Huang et al. (1996)给出了另一种简化后的表达式：

$$Q_{xx} = \frac{\partial}{\partial x'}\left(A_h \frac{\partial S}{\partial x'} \right) - 2 \frac{\partial}{\partial x'}\left(\frac{A_h \psi_{x'}}{H} \frac{\partial S}{\partial \sigma} \right)$$

$$+ \frac{A_h \psi_{x'}^2}{H} \frac{\partial}{\partial \sigma}\left(\frac{1}{H} \frac{\partial S}{\partial \sigma} \right) \quad (3.2 - 16)$$

比较式(3.2 - 13)、式(3.2 - 15)和式(3.2 - 16)，后两式是在式(3.2 - 13)的基础上删减某些计算项得到的。Huang et al. (1996)提出式(3.2 - 16)并通过实际算例验证了其数值计算精度。其后，Huang et al. (2002)对水平扩散项的计算采用了一种新的方法，即水平梯度仍在 (x, z) 坐标系中处理。模型变量 S 均布置在 σ 坐标系下的网格点上，故数值离散过程中参与计算的变量 S 需由 (x', σ) 坐标系中计算网格点处的变量值插值计算得到。将水平扩散项的数值差分离散改写为 (x, z) 坐标系下的相应数值格式，表达式为

$$Q_{xx} = A_h \frac{S_{i+1, z_0} - 2S_{i, z_0} + S_{i-1, z_0}}{\Delta x^2}$$

$$= A_h \frac{S_{i+1, \sigma_\eta} - 2S_{i, \sigma_k} + S_{i-1, \sigma_\xi}}{\Delta x^2} \quad (3.2 - 17)$$

式中,各量如图 3.2 - 2 所示,标号为 (i, z_0) 和 $(i \pm 1, z_0)$ 的计算点在同一水平线上。式(3.2 - 17)是对扩散表达式的精确数值离散(不考虑格式精度),而式(3.2 - 15)和式(3.2 - 16)由于舍弃部分项,从扩散运动的数学描述角度而言是不完备的。式(3.2 - 17)的计算误差主要来自离散误差(数值离散格式的精度等)和数值舍入误差(计算机数值计算)。该方法的实施在于如何在 σ 坐标系下确定 (i, z_0),$(i \pm 1, z_0)$ 位置处的相应函数值,即 S_{i+1, σ_η},S_{i-1, σ_ξ}。由于 σ_ξ 和 σ_η 通常不同于 σ_k,需要采用空间插值方法计算所需计算点处的变量值。Huang et al. (2002)的方法中,首先将 S_{i+1, σ_η} 和 S_{i-1, σ_ξ} 分别在 S_{i+1, σ_k} 和 S_{i-1, σ_k} 处做二阶的泰勒展开,计算该两点处的如下近似函数值:

$$
\begin{cases}
S_{i+1, \sigma_\eta} = S_{i+1, \sigma_k} - \left(\dfrac{\partial S}{H \partial \sigma} \right)_{i+1, \sigma_k} \cdot \psi'_{x'} \Delta x \\
\qquad\qquad + \dfrac{1}{2} \left(\dfrac{\partial^2 S}{H^2 \partial \sigma^2} \right)_{i+1, \sigma_k} \cdot (\psi'_{x'})^2 \Delta x^2 \\
S_{i-1, \sigma_\xi} = S_{i-1, \sigma_k} + \left(\dfrac{\partial S}{H \partial \sigma} \right)_{i-1, \sigma_k} \cdot \psi'_{x'} \Delta x \\
\qquad\qquad + \dfrac{1}{2} \left(\dfrac{\partial^2 S}{H^2 \partial \sigma^2} \right)_{i-1, \sigma_k} \cdot (\psi'_{x'})^2 \Delta x^2
\end{cases}
\tag{3.2 - 18}
$$

将式(3.2 - 18)代入式(3.2 - 17),发现与式(3.2 - 16)是等价的,即说明式(3.2 - 16)是式(3.2 - 17)的二阶近似表达式。因为泰勒展开在计算中会带来不便,所以采用二阶的拉格朗日多项式插值代替泰勒展开计算 $(i + 1, \sigma_\eta)$ 和 $(i - 1, \sigma_\xi)$ 点处的函数值。但采用的拉格朗日多项式插值,须满足限制条件式(3.2 - 9)。

限制条件式(3.2 - 9)也可从式(3.2 - 16)的计算分析得到(Huang et al., 1996)。这个限制条件要求地形变化不能太剧烈,或对数值计算网格分辨率做一定的限制,即如图 3.2 - 2 所示,限制条件可以表达为

$$
\begin{cases}
\sigma_{k+1} < \sigma_\xi < \sigma_{k-1} \ \text{或} \ z_{i-1, \sigma_{k+1}} < z_{i-1, \sigma_\xi} < z_{i-1, \sigma_{k-1}} \\
\sigma_{k+1} < \sigma_\eta < \sigma_{k-1} \ \text{或} \ z_{i+1, \sigma_{k+1}} < z_{i+1, \sigma_\eta} < z_{i+1, \sigma_{k-1}}
\end{cases}
\tag{3.2 - 19}
$$

这一限制条件是采用二阶拉格朗日多项式插值的前提条件。如果从泰勒展开式的角度分析,式(3.2 - 18)展开式的收敛条件为

$$
\left| \frac{1}{(n+1)!} \frac{\partial^{n+1} S}{\partial \sigma^{n+1}} \left(\frac{\psi'_{x'} \Delta x}{H} \right)^{n+1} \right| < \left| \frac{1}{n!} \frac{\partial^n S}{\partial \sigma^n} \left(\frac{\psi'_{x'} \Delta x}{H} \right)^n \right|
$$

引入 $\psi'_{x'} = \sigma \dfrac{\partial H}{\partial x}$，并通过一定的简化，得到如下表达式：

$$\left| \frac{\sigma \partial H}{H \partial x} \right| \Delta x < (n+1) \frac{\Delta^n S}{\Delta^{n+1} S} \Delta \sigma \qquad (3.2-20)$$

由于函数 S 未知，不能进一步求得展开式的收敛半径，但在应用式（3.2-18）的泰勒展开时需具有一定的收敛条件，即在 $S_{i\pm 1,\sigma_k}$ 限定的邻域内泰勒展开式有效，从而也说明了式（3.2-9）作为限制条件决定了以泰勒展开求近似值只有在一定的空间范围内才有效。如图 3.2-3 所示，计算网格分辨率等实际计算条件不再满足式（3.2-19）的限制条件，原二阶拉格朗日多项式插值法受到限制，需要进一步改进。观察上述各种限制条件，可知所采用的二阶拉格朗日插值实为内插，当待插值点处于插值基点范围外时，插值法失效。故通过算法的改进，使得待插值点位于插值基点范围内，则可以继续采用相应的插值法计算。

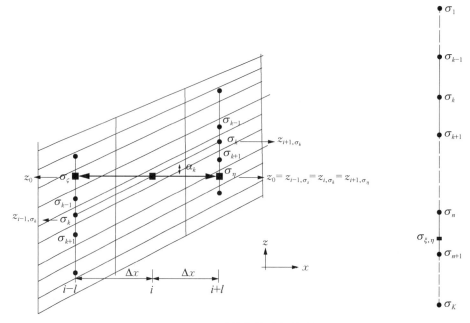

图 3.2-3　计算点的垂向位置

图 3.2-3 中，σ_1 和 σ_K 分别代表上下边界处的 σ 值，可以采用高阶 $(K-1)$ 多项式插值计算 $\sigma_{\xi,\eta}$ 值。但高阶多项式插值会发生 Runge 振荡现象，采用分段法插值可有效规避该数值问题。先确定图中的 σ_n 和 σ_{n+1}，再在该区间做线性插值

求得 $\sigma_{\xi,\eta}$，即：

$$\begin{cases} S_{i+1,\sigma_{\eta}} = \dfrac{\sigma_{\eta}-\sigma_{n+1}}{\sigma_n-\sigma_{n+1}} S_{i+1,\sigma_n} + \dfrac{\sigma_{\eta}-\sigma_n}{\sigma_{n+1}-\sigma_n} S_{i+1,\sigma_{n+1}} \\[3mm] S_{i-1,\sigma_{\xi}} = \dfrac{\sigma_{\xi}-\sigma_{n+1}}{\sigma_n-\sigma_{n+1}} S_{i-1,\sigma_n} + \dfrac{\sigma_{\xi}-\sigma_n}{\sigma_{n+1}-\sigma_n} S_{i-1,\sigma_{n+1}} \end{cases} \quad (3.2-21)$$

实际算例的计算结果显示该线性插值的计算误差较大，需加以改进。采用如下的二阶拉格朗日插值，误差大大降低：

$$S(\sigma) = \sum_{i=1}^{3} \left(\prod_{k=1,\, k\neq i}^{3} \frac{\sigma-\sigma_k}{\sigma_i-\sigma_k} \right) S(\sigma_i) \quad (3.2-22)$$

式中，$S(\sigma)$ 是待插值量；$S(\sigma_i)$ 是 $S(\sigma)$ 临近网格点上的函数值，即插值基点。

对于床面的处理，在壁面处采用无通量的计算条件：

$$\begin{cases} Q_{i+1} = \dfrac{A_h(S_{i+1,\sigma_{\eta}} - S_{i,\sigma_k})}{\Delta x} = 0, \quad \sigma_{\eta} < -1 \\[3mm] Q_{i-1} = \dfrac{A_h(S_{i,\sigma_k} - S_{i-1,\sigma_{\xi}})}{\Delta x} = 0, \quad \sigma_{\xi} < -1 \end{cases} \quad (3.2-23)$$

与此相应，扩散项的离散计算表达式为

$$\begin{cases} \begin{aligned} Q_{xx} &= \dfrac{A_h(S_{i+1,\sigma_{\eta}} - S_{i,\sigma_k})/\Delta x - A_h(S_{i,\sigma_k} - S_{i-1,\sigma_{\xi}})/\Delta x}{\Delta x} \\[2mm] &= -\dfrac{A_h(S_{i,\sigma_k} - S_{i-1,\sigma_{\xi}})}{\Delta x^2}, \quad \sigma_{\eta} < -1 \end{aligned} \\[6mm] \begin{aligned} Q_{xx} &= \dfrac{A_h(S_{i+1,\sigma_{\eta}} - S_{i,\sigma_k})/\Delta x - A_h(S_{i,\sigma_k} - S_{i-1,\sigma_{\xi}})/\Delta x}{\Delta x} \\[2mm] &= \dfrac{A_h(S_{i+1,\sigma_{\eta}} - S_{i,\sigma_k})}{\Delta x^2}, \quad \sigma_{\xi} < -1 \end{aligned} \end{cases} \quad (3.2-24)$$

◇ 验证算例

设计静水中盐度扩散的模拟算例进一步考察扩散项不同的离散格式的表现性能。给定盐度的初始空间分布，计算 30 天后盐度的分布场，检验各种计算方法的计算精度。计算域为立面二维，水平向长 6 000 m，地形采用 3% 的坡度，最大水深为 260 m，最浅处深为 80 m。水平扩散系数 $A_h = 5$ m²/s，水平网格为 500 m，垂向等分为 7 层，网格的划分可以满足条件式(3.2-9)。初始盐度分布

以指数形式给出:

$$S(x', \sigma) = \left(\sigma \frac{H_{x'}}{H_{\max}}\right)^{1/3} S_{\max} \tag{3.2-25}$$

式中,$H_{x'}$ 为当地水深;$H_{\max}$ 为总水深;$S_{\max} = 34 \times 10^{-12}$,为盐度的最大值。初始盐度分布如图 3.2-4 所示。

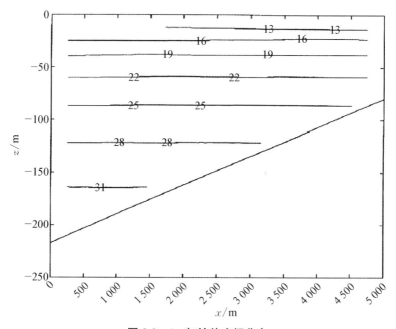

图 3.2-4 初始盐度场分布

由初始盐度分布可知,盐度的水平梯度为零,若仅考虑水平扩散,笛卡儿坐标系 (x, z) 中的控制方程表达如下:

$$\frac{\partial S}{\partial t} = Q_{xx} = \frac{\partial}{\partial x}\left(A_h \frac{\partial S}{\partial x}\right) \tag{3.2-26}$$

分析控制方程式(3.2-26),可知在盐度沿水平向均匀分布的条件下,式(3.2-26)右端引起盐度分布变化的扩散作用实则不存在,方程式(3.2-26)的精确解将保持原有盐度分布不变。采用 (x', σ) 坐标系下的模型数值模拟该盐度的扩散运动,并与理论解做比较,分析各模型的计算精度。计算方法采用显式的 FTCS 有限差分格式,计算时间为 30 天。首先给出 Mellor et al. (1985)的模型和 Huang et al. (2002)的模型的计算结果,然后给出改进计算方法的模拟结果。

　　图 3.2 - 5 是采用 Mellor 和 Huang 的扩散项表达式(3.2 - 15)计算的盐度分
布,计算时间为 30 天。图 3.2 - 5(a)为 30 天后的盐度分布,盐度等值线不再保
持水平,转而为斜坡方向。图 3.2 - 5(b)是 30 天后的盐度与初始时的盐度的差
值分布情况,大约在 2 000 m 以下盐度降低,在 2 000 m 以上盐度增加,变动幅度
较大,最大增加量达到了 5×10^{-12},最大减小量约 2×10^{-12}。这一计算结果不符
合理论分析,即产生了附加的物质流动,其产生于模型误差。

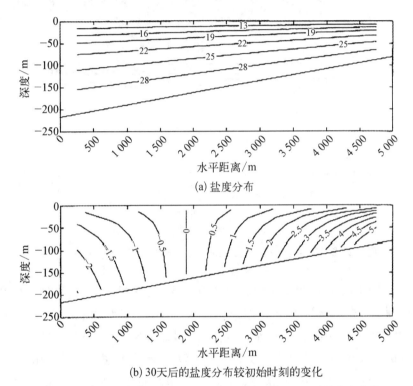

(a) 盐度分布

(b) 30 天后的盐度分布较初始时刻的变化

图 3.2 - 5　采用 Mellor et al. (1985)的模型计算 30 天后的盐度变化

　　图 3.2 - 6 是 Huang et al. (2002)的计算结果,采用表达式(3.2 - 16),并以二阶
拉格朗日插值计算 $(i+1, \sigma_\eta)$ 和 $(i-1, \sigma_\xi)$ 处的函数 S 值。该模型的应用受条件
式(3.2 - 9)或式(3.2 - 19)的限制,即对坡度值和网格分辨率有一定的要求。
图 3.2 - 6 中的计算结果对应于坡度 3%、水平向网格尺度 500 m、垂向 7 等分的情
况,可以满足式(3.2 - 9)的条件要求。Huang et al. (1996)指出对该计算条件,如果
垂向 9 等分,或坡度加大,则计算难以收敛。如果在相同的水平网格尺度及同水深
的条件下,垂向网格划分不能很细密。从图 3.2 - 6(a)中可见在计算了 30 天后,
盐度的水平结构保持得较好,比图 3.2 - 5(a)的计算结果取得了很大的改进。

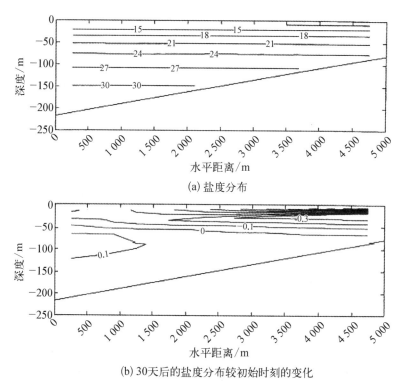

(a) 盐度分布

(b) 30天后的盐度分布较初始时刻的变化

图3.2‑6 采用 Huang et al. (2002)的模型计算30天后的盐度变化

图3.2‑6(b)也反映了30天后盐度的变化情况,变化量较小,计算精度较高,基本符合理论分析。该模型计算过程相对简单,适用于工程实际应用,但受条件式(3.2‑9)的限制,对坡度变化、水平网格尺度和垂向网格划分有一定的要求。

分析 Huang et al.（2002）的计算模型,无论是式（3.2‑16）还是式（3.2‑17）,均有一定的限制条件。对式(3.2‑17)而言,若采用式(3.2‑18)中的二阶泰勒展开形式,则与式(3.2‑16)等价。虽然在计算中以二阶的拉格朗日插值来代替泰勒展开,但对限制条件并没有突破,式(3.2‑19)直观地显示了该限制条件。当 σ_ξ 或 σ_η 在 $[\sigma_{k-1}, \sigma_{k+1}]$ 计算域以外时,二阶拉格朗日插值不再适用。如果对于不满足式(3.2‑19)限制条件的情况,首先确定 σ_ξ 或 σ_η 邻近的网格点,再以这些网格点上的函数值插值计算 σ_ξ 或 σ_η 点上的函数值,则突破了条件式(3.2‑19)的限制,即坡度变化及网格尺度不再对计算产生任何影响。图3.2‑7中的计算结果是采用线性插值的计算结果,插值表达式如式(3.2‑21)所示。30天后,盐度分布的水平向结构基本保持不变,如图3.2‑7(a)所示,即说明对于盐度的水平向扩散并未引入附加动力作用。图3.2‑7(b)是30天后盐度分布较初

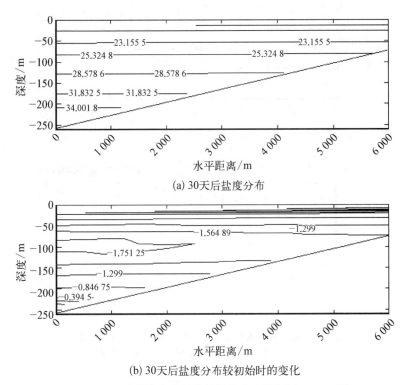

(a) 30天后盐度分布

(b) 30天后盐度分布较初始时的变化

**图 3.2 – 7　采用本章中的线性插值方法[见式(3.2 – 21)]
计算的盐度分布(坡度 3%,垂向分为 7 层)**

始时的变化情况,上部水体淡化程度较大,随着水深的增加,盐度增加。其变化量比 Huang et al. (2002)的计算结果显著增大,计算精度较低。产生这种计算结果的主要原因是采用线性插值。改进线性插值方法,采用二阶的拉格朗日插值,差值格式如式(3.2 – 22)所示。图 3.2 – 8(a)显示计算得到的盐度分布的水平结构保持得很好,与线性插值的计算结果相差不大,但从图 3.2 – 8(b)可看到,计算精度有了很大的提高,30 天后与初始时盐度分布差别不大。计算方法经过如此改进,不仅计算精度较高,而且克服了式(3.2 – 9)或式(3.2 – 19)的限制。

Huang et al. (1996,2002)在改进计算模型的同时,指出了模型的应用限制条件。前文所述的改进方法避免了这一限制条件,针对限制条件设计两个算例加以检验。其一是在坡度为 3%的情况下,增加垂向分层,垂向 10 层等分,大于垂向分辨率的限制条件 9 层(Huang et al., 1996);另一算例是增加坡度,由 3%增至 6%,最大水深为 400 m,最小水深为 40 m,垂向 10 层等分。计算结果如图 3.2 – 9和图 3.2 – 10 所示。两个算例中盐度的水平向结构保持得都很好,30天后的盐度变化也不显著,说明新的计算方法不受前述的条件限制。

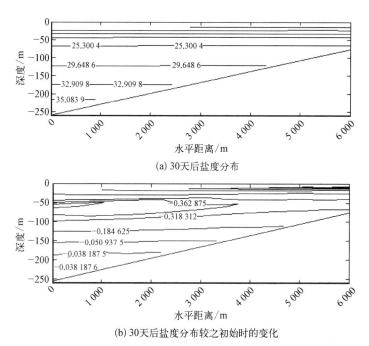

(a) 30天后盐度分布

(b) 30天后盐度分布较之初始时的变化

图 3.2 - 8 采用本章中二阶插值方法[见式(3.2 - 22)]
计算的盐度分布(坡度 3%,垂向分为 7 层)

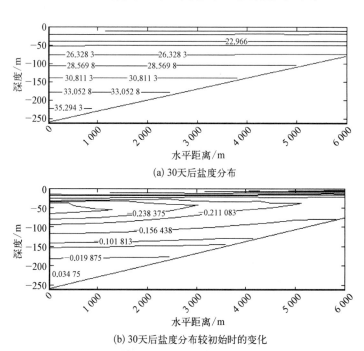

(a) 30天后盐度分布

(b) 30天后盐度分布较初始时的变化

图 3.2 - 9 采用本章中二阶插值方法[见式(3.2 - 22)]
计算的盐度分布(坡度 3%,垂向分为 10 层)

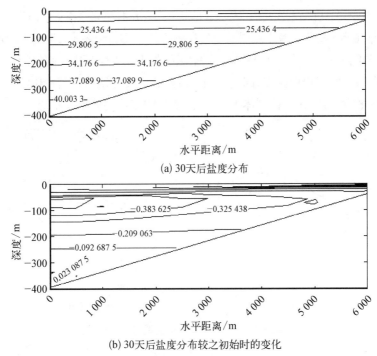

(a) 30天后盐度分布

(b) 30天后盐度分布较之初始时的变化

**图 3.2‐10 采用本章中二阶插值方法[见式(3.2‐22)]
计算的盐度分布(坡度 6%,垂向分为 10 层)**

3.3 非静压模型的数值求解

非静压模型的数值求解理论上可以采用任何一种数值方法,如有限差分法(FDM)、有限元法(FEM)及有限体积法(FVM)等。各类数值方法的应用已有大量的文献可供参考(Casulli et al.,1994;Casulli,1998;Jankowski,1999;Kocyigit et al.,2002;Chen,2003),本文主要采用有限体积法建立数值模型并求解。有限体积法基于守恒型控制方程,适合采用非结构网格,可充分发挥非结构网格在复杂边界拟合方面的优势。

3.3.1 计算网格及变量布置

本章所讨论的非静压模型的数值求解所采用的计算网格分为水平和垂向两个方向,水平面内采用非结构网格剖分,垂直方向将水体分层,层高可任意设定。该网格系统可视为水平非结构网格和垂向结构网格的混合形式,网格形式如图 3.3‐1 所示,网格单元均为棱柱体。对于有限体积法,网格单元与控制体不一定重合,即变量的布置形式有 C - C(Cell - Centred,格心)格式和 C - V(Cell - Vertex,格顶点)格式。本章模型的变量布置方式为 C - C 格式,即网格单元与控制体重合,如图 3.3 - 1 所示,水平面内的网格形式可由任意多边形网格混合组成,实际应用中多采用三角形网格、四边形网格或两者的混合网格。若采用C - V格式布置流动变量,网格单元与控制体不重合,需要另构建控制体单元系统。

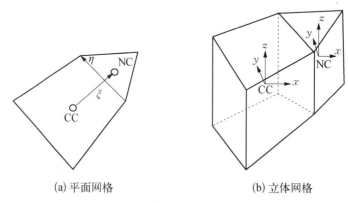

(a) 平面网格　　　　　　　　　　(b) 立体网格

图 3.3 - 1　计算网格及变量布置形式

　　垂向分层结构的计算网格便于水深积分求解水位高程函数。在垂向分层网格的框架下,将控制方程在每一层内做层高范围的垂向积分,则每一层内均可视为平面二维模型,这类模型通常称为 2.5 维模型。若垂向采用一般的数值离散格式对控制方程求解,则称为完全的三维模型。

3.3.2　控制体界面的局部坐标系及其度量

　　流体运动的微分控制方程中含有大量的空间微分运算,相应的数值计算过程是通过空间离散点上的变量值计算得到的,而各离散点之间的空间位置的描述通常借助于所采用的计算网格的拓扑关系。通常情况下,非结构网格体系下的数值微分运算较笛卡儿网格实现难度要大一些。相关运算的困难之处在于变量布置的相对位置并不沿坐标线,通常可借助建立于计算变量所布设位置处的局部坐标系进行相关的微分计算。

　　图 3.3 - 1(a)所示为在某单元界面处建立的局部坐标系,沿该局部坐标系的坐标轴方向,变量的微分运算较易实现。笛卡儿坐标系下的变量微分运算可借助该局部坐标系下的微分运算和两个坐标系之间的转化关系式计算得到。

　　设定单元面处的局部坐标系为 (ξ, η),ξ 坐标方向由当前网格形心 CC 指向邻单元网格形心 NC,η 沿当前单元界面(二维情况为单元边),依照逆时针法则由一点指向下一点。所谓逆时针法则是以当前网格单元为计算单元而设定的（如图 3.3 - 2 中为 1→2）。平面控制体内的变量布置和局部坐标设定如图 3.3 - 2 所示。

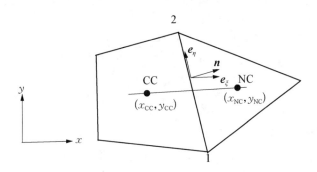

图 3.3 - 2   变量布置和局部坐标

整体笛卡儿坐标系与控制体界面处的局部坐标系满足如下映射关系：

$$\xi = \xi(x, y) \tag{3.3 - 1a}$$

$$\eta = \eta(x, y) \tag{3.3 - 1b}$$

依据求导的链式法则，微分运算在两个坐标系下的转化形式为

$$\frac{\partial}{\partial x} = \frac{\partial}{\partial \xi} \frac{\partial \xi}{\partial x} + \frac{\partial}{\partial \eta} \frac{\partial \eta}{\partial x} \tag{3.3 - 2a}$$

$$\frac{\partial}{\partial y} = \frac{\partial}{\partial \xi} \frac{\partial \xi}{\partial y} + \frac{\partial}{\partial \eta} \frac{\partial \eta}{\partial y} \tag{3.3 - 2b}$$

其中，$\frac{\partial \xi}{\partial x}$，$\frac{\partial \xi}{\partial y}$，$\frac{\partial \eta}{\partial x}$，$\frac{\partial \eta}{\partial y}$ 称为两个坐标系间的度量。式（3.3 - 2a,b）的计算需要确定四个度量值，分析这四个度量的微分运算，从差商的角度分析，处于分母位置处的变量 Δx 和 Δy 均可能出现零值，给数值计算带来不便。坐标系的转换也可借助相应的逆变换完成，逆变换表达式为

$$x = x(\xi, \eta) \tag{3.3 - 3a}$$

$$y = y(\xi, \eta) \tag{3.3 - 3b}$$

依据求导的链式法则，微分运算在两个坐标系下的转化形式为

$$\frac{\partial}{\partial \xi} = \frac{\partial}{\partial x} \frac{\partial x}{\partial \xi} + \frac{\partial}{\partial y} \frac{\partial y}{\partial \xi} \tag{3.3 - 4a}$$

$$\frac{\partial}{\partial \eta} = \frac{\partial}{\partial x} \frac{\partial x}{\partial \eta} + \frac{\partial}{\partial y} \frac{\partial y}{\partial \eta} \tag{3.3 - 4b}$$

由式(3.3-4a,b)可推导得到笛卡儿坐标系下相应的微分运算 $\dfrac{\partial}{\partial x}$ 和 $\dfrac{\partial}{\partial y}$ 的计算表达式：

$$\frac{\partial}{\partial x} = \frac{1}{J}\left(\frac{\partial}{\partial \xi}\frac{\partial y}{\partial \eta} - \frac{\partial}{\partial \eta}\frac{\partial y}{\partial \xi}\right) \tag{3.3-5a}$$

$$\frac{\partial}{\partial y} = \frac{1}{J}\left(\frac{\partial}{\partial \eta}\frac{\partial x}{\partial \xi} - \frac{\partial}{\partial \xi}\frac{\partial x}{\partial \eta}\right) \tag{3.3-5b}$$

式中，J 称为雅可比行列式，记作：

$$J = \frac{\partial(x, y)}{\partial(\xi, \eta)} = \begin{vmatrix} \dfrac{\partial x}{\partial \xi} & \dfrac{\partial y}{\partial \xi} \\ \dfrac{\partial x}{\partial \eta} & \dfrac{\partial y}{\partial \eta} \end{vmatrix} \tag{3.3-6}$$

对于某哑元变量 φ，该变量在单元面处的微分运算 φ_x 和 φ_y 即可借助局部坐标系 (ξ, η) 下的微分运算间接计算得到，计算表达式为

$$\varphi_x = \frac{1}{J}(\varphi_\xi y_\eta - \varphi_\eta y_\xi) \tag{3.3-7a}$$

$$\varphi_y = \frac{1}{J}(\varphi_\eta x_\xi - \varphi_\xi x_\eta) \tag{3.3-7b}$$

3.3.3 非结构网格基础上的散度计算

黏性流动的动量方程及标量的输运方程的数值离散主要涉及对流项和扩散项的离散过程，考察某一哑元变量 φ，该变量的对流输运可表示为

$$\mathrm{con}(\varphi) = \nabla \cdot (\varphi \boldsymbol{V}) \tag{3.3-8}$$

扩散输运可表示为

$$\mathrm{diff}(\varphi) = \nabla \cdot (\Gamma \nabla \varphi) \tag{3.3-9}$$

式(3.3-8)和式(3.3-9)可统一为相同的数学运算，即散度运算。针对平面二维的计算情况(适于本章水平网格结构)，对式(3.3-8)做面积分运算，应用高斯积分定理得到如下关系表达式：

$$\iint_S \nabla \cdot (\varphi \boldsymbol{V})\mathrm{d}S = \oint_{\partial S} \boldsymbol{n} \cdot (\varphi \boldsymbol{V})\mathrm{d}l \tag{3.3-10}$$

式中，S 和 ∂S 分别为积分平面和该平面的周线。将式(3.3-10)的连续积分由

数值积分代替,设某单元 i(单元编号)的面积为 ΔS_i,该单元各边长为 $\Delta l_{is}(s = 1,2,\cdots N$,$N$ 为该单元边的总数),相应的数值积分表达式为

$$\iint\limits_{S_i} \boldsymbol{\nabla} \cdot (\varphi \boldsymbol{V}) \mathrm{d}S = \oint\limits_{\partial S_i} \boldsymbol{n} \cdot (\varphi \boldsymbol{V}) \mathrm{d}l = \sum_{s=1}^{N} \boldsymbol{n}_{is} \cdot \langle \varphi \boldsymbol{V} \rangle_{is}^{f} \Delta l_{is}$$

$$= \sum_{s=1}^{N} \langle V_n \rangle_{is}^{f} \langle \varphi \rangle_{is}^{f} \Delta l_{is} \qquad (3.3-11)$$

式中,$\langle\ \ \rangle_{is}^{f}$ 代表界面处相应变量的计算值;$\langle V_n \rangle_{is}^{f} = \langle n_x V_x + n_y V_y \rangle_{is}^{f}$,为该单元界面处的外法向速度。

式(3.3-8)也可以表达为如下形式:

$$\boldsymbol{\nabla} \cdot (\varphi \boldsymbol{V}) = \frac{\partial(\varphi V_x)}{\partial x} + \frac{\partial(\varphi V_y)}{\partial y} \qquad (3.3-12)$$

将式(3.3-12)在单元 i 进行面积分,得:

$$\iint\limits_{S_i} \boldsymbol{\nabla} \cdot (\varphi \boldsymbol{V}) \mathrm{d}S = \iint\limits_{S_i} \frac{\partial(\varphi V_x)}{\partial x} \mathrm{d}S + \iint\limits_{S_i} \frac{\partial(\varphi V_y)}{\partial y} \mathrm{d}S \qquad (3.3-13)$$

比较式(3.3-11)和式(3.3-13),得:

$$\iint\limits_{S_i} \frac{\partial(\varphi V_x)}{\partial x} \mathrm{d}S = \sum_{s=1}^{N} \langle n_x V_x \rangle_{is}^{f} \langle \varphi \rangle_{is}^{f} \Delta l_{is} \qquad (3.3-14a)$$

$$\iint\limits_{S_i} \frac{\partial(\varphi V_y)}{\partial y} \mathrm{d}S = \sum_{s=1}^{N} \langle n_y V_y \rangle_{is}^{f} \langle \varphi \rangle_{is}^{f} \Delta l_{is} \qquad (3.3-14b)$$

将上述表达式中的变量 φV_x 和 φV_y 设为整体变量 Φ,则在某计算单元 i 内变量 Φ 的平均梯度值可由下式计算:

$$\left\langle \frac{\partial \Phi}{\partial x} \right\rangle = \frac{1}{S_i} \iint\limits_{S_i} \frac{\partial \Phi}{\partial x} \mathrm{d}S = \frac{1}{\Delta S_i} \sum_{s=1}^{N} \langle n_x \Phi \rangle_{is}^{f} \Delta l_{is} \qquad (3.3-15a)$$

$$\left\langle \frac{\partial \Phi}{\partial y} \right\rangle = \frac{1}{S_i} \iint\limits_{S_i} \frac{\partial \Phi}{\partial y} \mathrm{d}S = \frac{1}{\Delta S_i} \sum_{s=1}^{N} \langle n_y \Phi \rangle_{is}^{f} \Delta l_{is} \qquad (3.3-15b)$$

式中,符号 $\langle\ \ \rangle$ 表示单元面内的平均值。式(3.3-15a,b)给出了离散单元上某变量梯度的数值计算方法,称其为高斯法。

分析扩散项的计算表达式(3.3-9)和积分关系式(3.3-10),只需相应地将变量 $\varphi \boldsymbol{V}$ 替换为 $\Gamma \nabla \varphi$,就可由通用的计算流程完成对扩散项的数值离散,计算表达式为

$$\iint_{S_i} \mathbf{V} \cdot (\Gamma \, \mathbf{\nabla} \varphi) \mathrm{dS} = \oint_{\partial S_i} \mathbf{n} \cdot (\Gamma \, \mathbf{\nabla} \varphi) \mathrm{d}l = \sum_{s=1}^{N} \mathbf{n}_{is} \cdot \langle \Gamma \, \mathbf{\nabla} \varphi \rangle_{is}^{f} \Delta l_{is}$$

$$= \sum_{s=1}^{N} \langle \mathbf{n}_{is} \cdot \Gamma \, \mathbf{\nabla} \varphi \rangle_{is}^{f} \Delta l_{is}$$

(3.3 - 16)

式中,界面处变量梯度 $\mathbf{V}\varphi$ 可借助局部坐标系由式(3.3 - 7)进行数值离散。

3.3.4　非结构网格的 TVD 数值离散格式

对于典型的对流-扩散型微分方程的数值求解,数值离散格式的构造主要针对对流项,其本质是重构单元界面处的待求变量值和反演通过控制体界面的数值通量。不同的离散格式不仅存在着不同的截断误差,甚至主导着数值计算过程是否收敛。通常高阶数值离散格式具有较低的离散误差,即精度较高,但常常会引入数值弥散,即虚假的数值振荡,导致计算过程发散。为了抑制数值振荡,已经发展了若干有效的数值离散格式。其中总变差减小(TVD)的数值离散格式是高阶格式中性能优越的一类格式。之所以称之为一类格式,是指这类格式具有 TVD 的性质,可以是基于有限差分法的数值离散格式也可以是基于有限体积法的数值离散格式。以下简要介绍在非结构网格体系下实现 TVD 格式的通量限制器(Limiter function)的构造方法。

非结构网格下的 TVD 格式的实现,关键在于限制因子的计算,从而构造通量限制器。结合本章数值模型,局部相邻单元的拓扑关系及计算变量的布置如图 3.3 - 3 所示,其中,"C"代表当前所考察的单元交界面的迎风向单元,"D"则代表相应的下风向单元,f 代表单元界面。限制因子 r_f 的计算表达式(Darwish et al.,2003)为

$$r_f = \frac{2 \, \mathbf{\nabla} \phi_C \cdot r_{CD}}{\phi_D - \phi_C} - 1$$

(3.3 - 17)

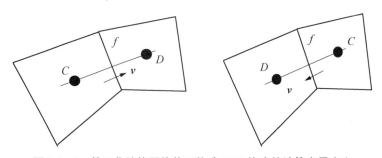

图 3.3 - 3　基于非结构网格体系构造 TVD 格式的计算变量定义

单元界面处的变量值的重构通过通量限制器 $\psi(r_f)$ 计算得到：

$$\langle \phi \rangle^f = \phi_C + \frac{1}{2}\psi(r_f)(\phi_D - \phi_C) \qquad (3.3-18)$$

图 3.3-4 给出了常用的通量限制器的构造图谱，常用数值格式的相应计算代数表达式如下。

Superbee：$\psi(r_f) = \max(0.0,\ \min(1.0,\ 2r_f),\ \min(2.0,\ r_f))$

Van Leer：$\psi(r_f) = (r_f + \mathrm{abs}(r_f))/(1.0 + r_f)$

Van Albada：$\psi(r_f) = (r_f + r_f^2)/(1.0 + r_f^2)$

Min Mod：$\psi(r_f) = \max(0.0,\ \min(1.0,\ r_f))$

Sweby：$\psi(r_f) = \max(0.0,\ \min(1.0,\ 1.5r_f),\ \min(1.5,\ r_f))$

Quick：$\psi(r_f) = \max(0.0,\ \min(2r_f,\ (3.0 + r_f)/4.0,\ 2.0))$

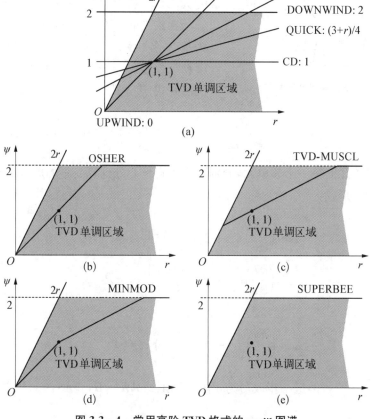

图 3.3-4　常用高阶 TVD 格式的 r-ψ 图谱

Umist：$\psi(r_f)=\max(0.0,\ \min(2r_f,\ (1.0+3.0*r_f)/4.0,\ (3.0+r_f)/4.0,\ 2.0))$
Osher：$\psi(r_f)=\max(0.0,\ \min(2.0,\ r_f))$
Muscl：$\psi(r_f)=(r_f+\mathrm{abs}(r_f))/(1.0+\mathrm{abs}(r_f))$
MC：$\psi(r_f)=\max(0.0,\ \min((1.0+r_f)/2.0,\ 2.0,\ 2.0r_f))$

3.3.5　梯度计算的最小二乘法

基于非结构网格的数值离散求解，计算网格形心处变量的空间梯度，可以采用式（3.3-15a,b）所示的高斯法，也可借助最小二乘法（least-squares gradient reconstruction）计算完成。设 0 号单元形心点处的计算变量为 ϕ，局部网格系统如图 3.3-5 所示，其中该网格单元的邻单元的形心坐标以 $(x_i,\ y_i)$ 做标识，图中示例围绕 0 号单元共有四个相邻单元。

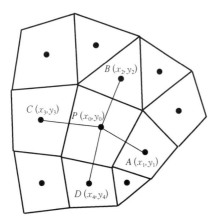

图 3.3-5　控制体局部网格拓扑关系

考察当前计算单元，以 0 号单元形心点为基点，各相邻单元形心处的变量值展开成泰勒级数形式，忽略高阶展开项，仅保留一阶的展开式，表达式为

$$\phi_i=\phi_0+\left(\frac{\partial\phi}{\partial x}\right)\bigg|_0(x_i-x_0)+\left(\frac{\partial\phi}{\partial y}\right)\bigg|_0(y_i-y_0) \tag{3.3-19}$$

对于 0 号单元的每一个邻单元，分别写出各自形心处计算变量的展开表达式，并改写成如下形式：

$$\Delta x_1\left(\frac{\partial\phi}{\partial x}\right)\bigg|_0+\Delta y_1\left(\frac{\partial\phi}{\partial y}\right)\bigg|_0=\phi_1-\phi_0$$
$$\Delta x_2\left(\frac{\partial\phi}{\partial x}\right)\bigg|_0+\Delta y_2\left(\frac{\partial\phi}{\partial y}\right)\bigg|_0=\phi_2-\phi_0 \tag{3.3-20}$$
$$\vdots$$
$$\Delta x_N\left(\frac{\partial\phi}{\partial x}\right)\bigg|_0+\Delta y_N\left(\frac{\partial\phi}{\partial y}\right)\bigg|_0=\phi_N-\phi_0$$

将方程组（3.3-20）进一步改写为矩阵表达形式 $\boldsymbol{AX}=\boldsymbol{B}$，其中：

$$\boldsymbol{X}=[(\partial\phi/\partial x)\,|_0,\ (\partial\phi/\partial y)\,|_0]^{\mathrm{T}} \tag{3.3-21}$$

系数矩阵 $\boldsymbol{A}$ 和等式右端项 $\boldsymbol{B}$ 分别为

$$\boldsymbol{A} = \begin{bmatrix} \Delta x_1 & \Delta y_1 \\ \Delta x_2 & \Delta y_2 \\ \vdots & \vdots \\ \Delta x_N & \Delta y_N \end{bmatrix}, \boldsymbol{B} = \begin{bmatrix} \phi_1 - \phi_0 \\ \phi_2 - \phi_0 \\ \vdots \\ \phi_N - \phi_0 \end{bmatrix} \qquad (3.3-22)$$

求解线性代数方程组 $\boldsymbol{A}\boldsymbol{X} = \boldsymbol{B}$，即可计算得到 0 号单元形心点处的计算变量的空间梯度值。一般情况下，该方程组属于超定线性代数方程组，不能直接求解，可采用最小二乘法求解，即：

$$\boldsymbol{X} = (\boldsymbol{A}^{\mathrm{T}}\boldsymbol{A})^{-1}\boldsymbol{A}^{\mathrm{T}}\boldsymbol{B} \qquad (3.3-23)$$

采用式(3.3-23)数值计算过程中，当网格畸形较严重时，精度降低。有相关研究提出了若干改进措施，如利用矩阵分解技术数值求解代数方程组(Haselbacher et al., 2000)。

采用最小二乘法，单元形心处的变量梯度计算以简洁的形式表达如下：

$$\phi_{0x} = \sum_{i=1}^{N} W_i^x (\phi_i - \phi_0), \ \phi_{0y} = \sum_{i=1}^{N} W_i^y (\phi_i - \phi_0) \qquad (3.3-24)$$

式中，系数 W_i^x 和 W_i^y 与网格的几何信息相关，具体计算表达式如下：

$$W_i^x = \frac{x_i - x_0}{r_{11}^2} - \frac{r_{12}}{r_{11}r_{22}^2}\left[(y_i - y_0) - (x_i - x_0)\frac{r_{12}}{r_{11}}\right]$$

$$W_i^y = \frac{1}{r_{22}^2}\left[(y_i - y_0) - (x_i - x_0)\frac{r_{12}}{r_{11}}\right]$$

$$r_{11} = \left[\sum_{i=1}^{N}(x_i - x_0)^2\right]^{1/2}$$

$$r_{12} = \frac{\sum_{i=1}^{N}(x_i - x_0)(y_i - y_0)}{r_{11}}$$

$$r_{22} = \left\{\sum_{i=1}^{N}\left[(y_i - y_0) - (x_i - x_0)\frac{r_{12}}{r_{11}}\right]^2\right\}^{1/2}$$

3.3.6　格心(C-C)格式的单元界面的速度修正

本章数值模型的计算变量均布置在控制体格心，而 C-C 格式的变量布置方式会带来所谓的"棋盘格式"(Checker-board)问题。在笛卡儿网格系统中,通常采用计算变量的交错布置(Staggered)格式以消除潜在的影响。但对于 C - C 格式的变量布置,则需要借助适当的界面速度的修正技术来克服该数值问题。Rhie et al. (1983)的插值方法经常用来对控制体界面的速度变量进行修正,改善数值不稳定性问题。

将本章数值模型的水平动量方程离散,离散后的表达式简写如下:

$$A_p \boldsymbol{V}_p = \sum A_{pn} \boldsymbol{V}_{pn} - \delta V \boldsymbol{\nabla} p \tag{3.3-25}$$

式中,A_p,A_{pn},δV 为方程离散过程中所形成的相应变量前的系数,包含了计算单元的几何信息等。控制体界面处的速度值通过在界面两侧的速度平均值的基础上补充反弥散项,从而达到速度修正的目标,表达形式为

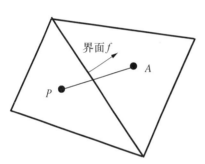

$$\boldsymbol{V}^f = \langle \boldsymbol{V} \rangle^f - \left\langle \frac{\delta V}{A_p} \right\rangle^f (\boldsymbol{\nabla} p^f - \langle \boldsymbol{\nabla} p \rangle^f)$$

$$\tag{3.3-26}$$

式中,$\langle \quad \rangle^f$ 代表界面处变量的平均值,f 代表单元界面,如 $\langle \boldsymbol{V} \rangle^f = (\boldsymbol{V}_p + \boldsymbol{V}_A)/2$,有关变量的标识如图 3.3 - 6 所示。其他变量计算类推,式(3.3 - 26)中的空间梯度计算可按高斯法或最小二乘法计算得到。

图 3.3 - 6 控制体界面及变量布置示意

3.3.7 σ 坐标系下非静压模型的控制方程

针对所采用的计算网格及自由表面捕捉技术,将三维非静压模型的数学描述转换至 σ 坐标系。针对有限体积法的数值求解,首先改写控制方程,使其具有守恒形式,笛卡儿坐标系下的守恒控制方程如下:

$$\frac{\partial u}{\partial x} + \frac{\partial v}{\partial y} + \frac{\partial w}{\partial z} = 0 \tag{3.3-27}$$

$$\frac{\partial u}{\partial t} + \frac{\partial uu}{\partial x} + \frac{\partial uv}{\partial y} + \frac{\partial uw}{\partial z}$$

$$= -g \frac{\partial \zeta}{\partial x} - \frac{1}{\rho_0} \frac{\partial p_n}{\partial x} + fv + \frac{\partial}{\partial x} \left(\nu_{tH} \frac{\partial u}{\partial x} \right) \tag{3.3-28a}$$

$$+ \frac{\partial}{\partial y} \left(\nu_{tH} \frac{\partial u}{\partial y} \right) + \frac{\partial}{\partial z} \left(\nu_{tV} \frac{\partial u}{\partial z} \right)$$

$$\frac{\partial v}{\partial t} + \frac{\partial vu}{\partial x} + \frac{\partial vv}{\partial y} + \frac{\partial vw}{\partial z}$$

$$= -g\frac{\partial \zeta}{\partial y} - \frac{1}{\rho_0}\frac{\partial p_n}{\partial y} - fu + \frac{\partial}{\partial x}\left(\nu_{tH}\frac{\partial v}{\partial x}\right) \quad (3.3-28\text{b})$$

$$+ \frac{\partial}{\partial y}\left(\nu_{tH}\frac{\partial v}{\partial y}\right) + \frac{\partial}{\partial z}\left(\nu_{tV}\frac{\partial v}{\partial z}\right)$$

$$\frac{\partial w}{\partial t} + \frac{\partial uw}{\partial x} + \frac{\partial vw}{\partial y} + \frac{\partial ww}{\partial z}$$

$$= -\frac{1}{\rho_0}\frac{\partial p_n}{\partial z} + \frac{\partial}{\partial x}\left(\nu_{tH}\frac{\partial w}{\partial x}\right) + \frac{\partial}{\partial y}\left(\nu_{tH}\frac{\partial w}{\partial y}\right) \quad (3.3-28\text{c})$$

$$+ \frac{\partial}{\partial z}\left(\nu_{tV}\frac{\partial w}{\partial z}\right)$$

其中，f 为科氏力系数，ζ 为水位高程函数。引入 σ 坐标系，即 $\sigma=(z-\zeta)/H$，总水深 $H=h+\zeta$。

上述流动控制方程中引入了表征地转效应的科氏力作用。相关理论成果表明，在分析地球表面的流动时，可把当地的地平面取为 (x,y) 平面，取当地地平面的相切点为原点，x 轴沿当地纬线方向指向东方，y 轴沿经线方向指向北方，天顶轴为 z 轴，通过地心。这种坐标系（见图 3.3-7）称为标准大地坐标系。对于地转系统，坐标系旋转速度 $\boldsymbol{\Omega}$ 恒定，即 $-\dot{\boldsymbol{\Omega}}=0$。图 3.3-7 中 θ 为地球纬度，则该地转系统中流体运动的控制方程为

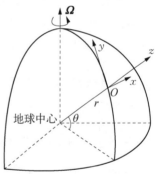

图 3.3-7　标准大地坐标系

$$\frac{\partial \boldsymbol{V}}{\partial t} + \boldsymbol{V}\cdot\nabla\boldsymbol{V} = -\frac{1}{\rho}\nabla p + \boldsymbol{g} - \boldsymbol{\Omega}\times(\boldsymbol{\Omega}\times\boldsymbol{r}) \quad (3.3-29)$$

$$-2\boldsymbol{\Omega}\times\boldsymbol{V} + \nu\,\nabla^2\boldsymbol{V}$$

$\boldsymbol{\Omega}$ 写为各坐标轴的分量形式：

$$\boldsymbol{\Omega} = 0\boldsymbol{i} + \Omega\cos\theta\boldsymbol{j} + \Omega\sin\theta\boldsymbol{k} \quad (3.3-30)$$

其中柯氏力的表达式可以展开为：

$$2\boldsymbol{\Omega} \times \boldsymbol{V} = \begin{vmatrix} \boldsymbol{i} & \boldsymbol{j} & \boldsymbol{k} \\ 0 & 2\Omega\cos\theta & 2\Omega\sin\theta \\ u & v & w \end{vmatrix}$$

$$= (-2\Omega\sin\theta v + 2\Omega\cos\theta w)\boldsymbol{i} + 2\Omega\sin\theta u\boldsymbol{j} - 2\Omega\cos\theta u\boldsymbol{k}$$

$$(3.3-31)$$

对于大尺度的地表浅水流动,水深 H 远小于水平特征尺度 L,即 $H \ll L$,比较 x 方向的柯氏力的两个分量: $-2\Omega\sin\theta v$ 和 $2\Omega\cos\theta w$, $\dfrac{2\Omega\cos\theta w}{2\Omega\sin\theta v} = \dfrac{w}{v}\text{ctg}\,\theta = O\left(\dfrac{H}{L}\right)\text{ctg}\,\theta \ll 1$,所以,赤道 $\theta = 0°$ 除外, $2\Omega\cos\theta w$ 相对于 $-2\Omega\sin\theta v$ 可以忽略。

判断流动尺度大小的参数称为 Rossby 数(Ro),其定义为: $Ro = \dfrac{\boldsymbol{V} \cdot \nabla \boldsymbol{V}}{2\boldsymbol{\Omega} \times \boldsymbol{V}} \sim \dfrac{\text{单位质量惯性力}}{\text{柯氏力}}$,如果 $Ro \leqslant 1$,表明柯氏力的作用大于惯性力,在分析流动时必须把柯氏力考虑进去,这种流动称为大尺度流动;反之,如果 $Ro > 1$,则地转效应就可以忽略,这种流动不再称为大尺度流动。首先分析柯氏力的 x 轴分量与 x 轴的惯性力大小的相对关系,以特征参量表示 Rossby 数,即 $Ro = \dfrac{U^2/L}{2\Omega U + 2\Omega W}$,其中 U 为水平方向的特征流速, W 为垂向的特征流速, L 为水平方向的特征长度(波长)。通常情况下, $2\Omega U \gg 2\Omega W$(赤道处除外),所以 $Ro = \dfrac{U}{2\Omega L}$。 以典型的河口潮汐流运动为例,半日潮周期 $T \approx 12.4$ h,取水深 $H = 10$ m,特征流速 $U = \sqrt{gH} \approx 10$ m/s,特征长度 $L = U \cdot T \approx 446.4$ km,地球旋转角速度 $\Omega \approx 7.3 \times 10^{-5}$ r/s。 计算得到 $Ro \approx 0.16 < 1$,则柯氏力需加以考虑。当 $\theta = 0°$(赤道处)时,比较惯性力和柯氏力的大小,得到 $Ro = \dfrac{U^2/L}{2\Omega W} = \dfrac{U}{2\Omega L}\dfrac{U}{W} \sim \dfrac{U}{2\Omega L}\dfrac{L}{H} = \dfrac{U}{2\Omega H} \approx 6.8 \times 10^4 \gg 1$,所以柯氏力的 x 轴分量 $2\Omega\cos\theta w$ 可以忽略。做同样的流动尺度分析,柯氏力的 y 轴分量也需在流动分析中加以考虑。对于 z 轴方向的柯氏力分量,分析其与重力的相对大小关系, $\dfrac{2\Omega U}{g} \approx \dfrac{2 \times 7.3 \times 10^{-5} \times 10}{10} = O(10^{-4})$,所以柯氏力在 z 轴的分量可以忽略不计。最后

流动控制方程中的柯氏力可简化为

$$-2\boldsymbol{\Omega} \times \boldsymbol{V} \approx fv\boldsymbol{i} - fu\boldsymbol{j} \tag{3.3-32}$$

其中柯氏力系数 $f = 2\Omega \sin\theta$。

　　地转效应所产生的惯性离心力 $-\boldsymbol{\Omega} \times (\boldsymbol{\Omega} \times r)$ 与地球的旋转轴垂直,从旋转轴辐射向外(见图 3.3 - 8)。惯性离心力也是保守力,因为几个保守力之和仍为保守力,所以重力 g 和惯性离心力的合力可写为 g_R,大小估算如下:$\Omega \approx 7.3 \times 10^{-5}$ r/s,地球半径 $r \approx 6\,400$ km,$\Omega^2 r \approx 3.4 \times 10^{-2}$,而 $g \approx 10$ m/s²,所以 g 与 g_R 的方向几乎一致,通常把 z 轴取为 $-g_R$ 的方向,不会引起较大的误差,同时,以 g 代替 g_R 也是实际可行的。

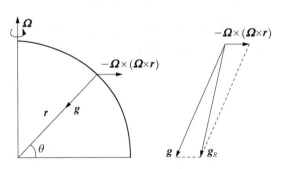

图 3.3 - 8　重力与离心力的关系

　　继续分析控制方程组式(3.3 - 27)、式(3.3 - 28a,b,c),引入 σ 坐标变换,则连续性方程式(3.3 - 27)改写如下:

$$\frac{\partial \zeta}{\partial t} + \frac{\partial Hu}{\partial x} + \frac{\partial Hv}{\partial y} + \frac{\partial H\widetilde{\omega}}{\partial \sigma} = 0 \tag{3.3-33}$$

坐标变换后的动量方程如下:

$$\frac{\partial Hu}{\partial t} + \frac{\partial Huu}{\partial x} + \frac{\partial Huv}{\partial y} + \frac{\partial Hu\widetilde{\omega}}{\partial \sigma}$$

$$= -gH\frac{\partial \zeta}{\partial x} - \frac{H}{\rho_0}\frac{\partial p_n}{\partial x} + fHv + \frac{\partial}{\partial x}\left(\nu_{tH}\frac{\partial Hu}{\partial x}\right) \tag{3.3-34a}$$

$$+ \frac{\partial}{\partial y}\left(\nu_{tH}\frac{\partial Hu}{\partial y}\right) + \frac{1}{H}\frac{\partial}{\partial \sigma}\left(\frac{\nu_{tV}}{H}\frac{\partial Hu}{\partial \sigma}\right)$$

$$\frac{\partial Hv}{\partial t} + \frac{\partial Hvu}{\partial x} + \frac{\partial Hvv}{\partial y} + \frac{\partial Hv\widetilde{\omega}}{\partial \sigma}$$

$$= -gH\frac{\partial \zeta}{\partial y} - \frac{H}{\rho_0}\frac{\partial p_n}{\partial y} - fHu + \frac{\partial}{\partial x}\left(\nu_{tH}\frac{\partial Hv}{\partial x}\right) \tag{3.3-34b}$$

$$+ \frac{\partial}{\partial y}\left(\nu_{tH}\frac{\partial Hv}{\partial y}\right) + \frac{1}{H}\frac{\partial}{\partial \sigma}\left(\frac{\nu_{tV}}{H}\frac{\partial Hv}{\partial \sigma}\right)$$

$$\frac{\partial Hw}{\partial t} + \frac{\partial Hwu}{\partial x} + \frac{\partial Hwv}{\partial y} + \frac{\partial Hw\tilde{\omega}}{\partial \sigma}$$

$$= -\frac{1}{\rho_0}\frac{\partial p_n}{\partial \sigma} + \frac{\partial}{\partial x}\left(\nu_{tH}\frac{\partial Hw}{\partial x}\right) + \frac{\partial}{\partial y}\left(\nu_{tH}\frac{\partial Hw}{\partial y}\right) \qquad (3.3-34c)$$

$$+ \frac{1}{H}\frac{\partial}{\partial \sigma}\left(\frac{\nu_{tV}}{H}\frac{\partial Hw}{\partial \sigma}\right)$$

考察上述控制方程,定义新变量:$q_x = Hu$,$q_y = Hv$,$q_z = Hw$,$q_\sigma = H\tilde{\omega}$,则控制方程的最终形式如下:

$$\frac{\partial \zeta}{\partial t} + \frac{\partial q_x}{\partial x} + \frac{\partial q_y}{\partial y} + \frac{\partial q_\sigma}{\partial \sigma} = 0 \qquad (3.3-35)$$

$$\frac{\partial q_x}{\partial t} + \frac{\partial q_x u}{\partial x} + \frac{\partial q_x v}{\partial y} + \frac{\partial q_x \tilde{\omega}}{\partial \sigma}$$

$$= -gH\frac{\partial \zeta}{\partial x} - \frac{H}{\rho_0}\frac{\partial p_n}{\partial x} + fq_y + \frac{\partial}{\partial x}\left(\nu_{tH}\frac{\partial q_x}{\partial x}\right) \qquad (3.3-36a)$$

$$+ \frac{\partial}{\partial y}\left(\nu_{tH}\frac{\partial q_x}{\partial y}\right) + \frac{1}{H}\frac{\partial}{\partial \sigma}\left(\frac{\nu_{tV}}{H}\frac{\partial q_x}{\partial \sigma}\right)$$

$$\frac{\partial q_y}{\partial t} + \frac{\partial q_y u}{\partial x} + \frac{\partial q_y v}{\partial y} + \frac{\partial q_y \tilde{\omega}}{\partial \sigma}$$

$$= -gH\frac{\partial \zeta}{\partial y} - \frac{H}{\rho_0}\frac{\partial p_n}{\partial y} - fq_x + \frac{\partial}{\partial x}\left(\nu_{tH}\frac{\partial q_y}{\partial x}\right) \qquad (3.3-36b)$$

$$+ \frac{\partial}{\partial y}\left(\nu_{tH}\frac{\partial q_y}{\partial y}\right) + \frac{1}{H}\frac{\partial}{\partial \sigma}\left(\frac{\nu_{tV}}{H}\frac{\partial q_y}{\partial \sigma}\right)$$

$$\frac{\partial q_z}{\partial t} + \frac{\partial q_z u}{\partial x} + \frac{\partial q_z v}{\partial y} + \frac{\partial q_z \tilde{\omega}}{\partial \sigma}$$

$$= -\frac{1}{\rho_0}\frac{\partial p_n}{\partial \sigma} + \frac{\partial}{\partial x}\left(\nu_{tH}\frac{\partial q_z}{\partial x}\right) + \frac{\partial}{\partial y}\left(\nu_{tH}\frac{\partial q_z}{\partial y}\right) \qquad (3.3-36c)$$

$$+ \frac{1}{H}\frac{\partial}{\partial \sigma}\left(\frac{\nu_{tV}}{H}\frac{\partial q_z}{\partial \sigma}\right)$$

式(3.3-35)和式(3.3-36a,b,c)构成了完整的非静压模型的控制方程组。三个坐标轴方向的动量方程可以通过式(3.3-37)描述,其中哑元 ϕ 代表流场变量 q_x,q_y,q_z。 非结构网格基础上对流项和扩散项的数值离散方法如前文所述。

$$\frac{\partial \phi}{\partial t} + \nabla \cdot (\boldsymbol{V}\phi) = \nabla \cdot (\nu_t \, \nabla \phi) + S \qquad (3.3-37)$$

3.3.8　非静压模型数值求解的预估-校正法

非静压模型常用的数值方法可概括为预估-校正,关于该方法的阐述可参考 2.6.3 节。本节针对控制方程式(3.3 - 35)和式(3.3 - 36a,b,c)详述相关的数值离散过程。

首先,将控制方程式(3.3 - 35)和式(3.3 - 36a,b,c)中的部分项做数值离散, 连续性方程离散为:

$$\frac{\zeta_i^{n+1} - \zeta_i^n}{\Delta t} + \theta \sum_{k=1}^{KBM} \left(\frac{\partial q_x^{n+1}}{\partial x}\right)_{i,k} \Delta \sigma_k + (1-\theta) \sum_{k=1}^{KBM} \left(\frac{\partial q_x^n}{\partial x}\right)_{i,k} \Delta \sigma_k$$
$$+ \theta \sum_{k=1}^{KBM} \left(\frac{\partial q_y^{n+1}}{\partial y}\right)_{i,k} \Delta \sigma_k + (1-\theta) \sum_{k=1}^{KBM} \left(\frac{\partial q_y^n}{\partial y}\right)_{i,k} \Delta \sigma_k = 0 \qquad (3.3-38)$$

其中,算子 $\theta \in [0, 1]$, $\theta = 0, 1$ 分别对应于完全显式格式和完全隐式格式, $\theta = 0.5$ 对应半隐式格式, KBM 为沿水深垂向分层数。此处未对流场变量的空间梯度做任何数值离散,以便于表达式推导的简洁性。

动量方程的数值离散表达式如下:

$$\frac{q_{xi}^{n+1} - q_{xi}^n}{\Delta t} = F q_{xi}^n - gH\theta \left(\frac{\partial \zeta^{n+1}}{\partial x}\right)_i - gH(1-\theta) \left(\frac{\partial \zeta^n}{\partial x}\right)_i$$
$$- \frac{H}{\rho_0} \left(\frac{\partial p_n^{n+1}}{\partial x}\right)_i + \left[\frac{\partial}{H\partial \sigma}\left(\frac{\nu_{tv}}{H} \frac{\partial q_x^{n+1}}{\partial \sigma}\right)\right]_i \qquad (3.3-39a)$$

$$\frac{q_{yi}^{n+1} - q_{yi}^n}{\Delta t} = F q_{yi}^n - gH\theta \left(\frac{\partial \zeta^{n+1}}{\partial y}\right)_i - gH(1-\theta) \left(\frac{\partial \zeta^n}{\partial y}\right)_i$$
$$- \frac{H}{\rho_0} \left(\frac{\partial p_n^{n+1}}{\partial y}\right)_i + \left[\frac{\partial}{H\partial \sigma}\left(\frac{\nu_{tv}}{H} \frac{\partial q_y^{n+1}}{\partial \sigma}\right)\right]_i \qquad (3.3-39b)$$

$$\frac{q_{zi}^{n+1} - q_{zi}^n}{\Delta t} = F q_{zi}^n - \frac{1}{\rho_0} \left(\frac{\partial p_n^{n+1}}{\partial \sigma}\right)_i + \left[\frac{\partial}{H\partial \sigma}\left(\frac{\nu_{tv}}{H} \frac{\partial q_z^{n+1}}{\partial \sigma}\right)\right]_i \qquad (3.3-39c)$$

式中,F 代表对流项、水平扩散项及某些源项(如科氏力、斜压梯度力等)的数值离散。水位梯度(静压梯度)项分裂为显式和隐式两部分,即通过调整因子 θ 实现显、隐格式的组合。动压梯度项以隐格式计算。关于动压梯度的计算,可以采用全隐格式或半隐格式。针对自由表面水波运动,静压对流动的驱动效应明显,即静压的计算值作为预估压力值,已经具有了一定的精度。动压作为压力值的修正,仅做一次迭代计算。式(3.3 - 39a,b,c)中的垂向扩散项进一步做隐式离散计算,原因一是针对垂向分层的网格结构,垂向网格属于结构化网格,较易离散;原因二是考虑到隐格式可将床面和自由表面的动力学边界条件归入控制方程整体求解,与显式格式计算相比,数值求解过程较稳定。

针对控制方程式(3.3 - 38)和式(3.3 - 39a,b,c)的数值求解采用预估-校正法,可视其为过程分裂法,即将静压驱动的流动和动压驱动的流动在一个时间积分步内分裂开来,也可视为一种类 SIMPLE 法的纯数值方法。以下分别介绍相应的数值求解过程。

1. 预估流场——静压作用下的流场计算

引入临时变量 q_x^*, q_y^*, q_z^*, q_σ^*, ζ^*,同时忽略动压梯度项,即仅计算静压 p_h 驱动下的流体运动,离散化的连续性方程为

$$\frac{\zeta_i^* - \zeta_i^n}{\Delta t} + \theta \sum_{k=1}^{KBM} \left(\frac{\partial q_x^*}{\partial x}\right)_{i,k} \Delta \sigma_k + (1-\theta) \sum_{k=1}^{KBM} \left(\frac{\partial q_x^n}{\partial x}\right)_{i,k} \Delta \sigma_k$$
$$+ \theta \sum_{k=1}^{KBM} \left(\frac{\partial q_y^*}{\partial y}\right)_{i,k} \Delta \sigma_k + (1-\theta) \sum_{k=1}^{KBM} \left(\frac{\partial q_y^n}{\partial y}\right)_{i,k} \Delta \sigma_k = 0 \tag{3.3 - 40}$$

离散化的动量方程为

$$\frac{q_{xi}^* - q_{xi}^n}{\Delta t} = Fq_{xi}^n - gH\theta \left(\frac{\partial \zeta^*}{\partial x}\right)_i - gH(1-\theta) \left(\frac{\partial \zeta^n}{\partial x}\right)_i$$
$$+ \left[\frac{\partial}{H \partial \sigma} \left(\frac{\nu_{tv}}{H} \frac{\partial q_x^*}{\partial \sigma}\right)\right]_i \tag{3.3 - 41a}$$

$$\frac{q_{yi}^* - q_{yi}^n}{\Delta t} = Fq_{yi}^n - gH\theta \left(\frac{\partial \zeta^*}{\partial y}\right)_i - gH(1-\theta) \left(\frac{\partial \zeta^n}{\partial y}\right)_i$$
$$+ \left[\frac{\partial}{H \partial \sigma} \left(\frac{\nu_{tv}}{H} \frac{\partial q_y^*}{\partial \sigma}\right)\right]_i \tag{3.3 - 41b}$$

$$\frac{q_{zi}^* - q_{zi}^n}{\Delta t} = Fq_{zi}^n + \left[\frac{\partial}{H \partial \sigma} \left(\frac{\nu_{tv}}{H} \frac{\partial q_z^*}{\partial \sigma}\right)\right]_i \tag{3.3 - 41c}$$

进一步离散上述方程,并将显式计算项归入统一算子 F,得:

$$q_{xi,k}^* \Delta\sigma_k = Fq_{xi,k}^n \Delta\sigma_k - gH\Delta t\Delta\sigma_k\theta\left(\frac{\partial\zeta^*}{\partial x}\right)_i$$

$$+ \Delta t\left(\frac{\nu_{tv}}{H^2}\right)_{i,k-1/2}\frac{q_{xi,k-1}^* - q_{xi,k}^*}{\Delta\sigma_{k-1/2}} \quad\quad (3.3-42a)$$

$$- \Delta t\left(\frac{\nu_{tv}}{H^2}\right)_{i,k+1/2}\frac{q_{xi,k}^* - q_{xi,k+1}^*}{\Delta\sigma_{k+1/2}}$$

$$q_{yi,k}^* \Delta\sigma_k = Fq_{yi,k}^n \Delta\sigma_k - gH\Delta t\Delta\sigma_k\theta\left(\frac{\partial\zeta^*}{\partial y}\right)_i$$

$$+ \Delta t\left(\frac{\nu_{tv}}{H^2}\right)_{i,k-1/2}\frac{q_{yi,k-1}^* - q_{yi,k}^*}{\Delta\sigma_{k-1/2}} \quad\quad (3.3-42b)$$

$$- \Delta t\left(\frac{\nu_{tv}}{H^2}\right)_{i,k+1/2}\frac{q_{yi,k}^* - q_{yi,k+1}^*}{\Delta\sigma_{k+1/2}}$$

$$q_{zi,k}^* \Delta\sigma_k = Fq_{zi,k}^n \Delta\sigma_k + \frac{\Delta t}{H_i^2}\left[\nu_{tvi,k-1/2}\frac{q_{zi,k-1}^* - q_{zi,k}^*}{\Delta\sigma_{k-1/2}}\right.$$

$$\left. - \nu_{tvi,k+1/2}\frac{q_{zi,k}^* - q_{zi,k+1}^*}{\Delta\sigma_{k-1/2}}\right] \quad\quad (3.3-42c)$$

采用矩阵表示法,将式(3.3-40)、式(3.3-42a,b,c)表达为简洁的形式:

$$\zeta_i^* + Z_{1i}\left(\frac{\partial Q_x^*}{\partial x}\right)_i + Z_{1i}\left(\frac{\partial Q_y^*}{\partial y}\right)_i = \zeta_i^n - Z_{2i}\left(\frac{\partial Q_x^n}{\partial x}\right)_i - Z_{2i}\left(\frac{\partial Q_y^n}{\partial y}\right)_i$$

$$(3.3-43)$$

$$A_{ix}^n Q_{xi}^* = G_{xi}^n - B_i^n\left(\frac{\partial\zeta^*}{\partial x}\right)_i \quad\quad (3.3-44a)$$

$$A_{iy}^n Q_{yi}^* = G_{yi}^n - B_i^n\left(\frac{\partial\zeta^*}{\partial y}\right)_i \quad\quad (3.3-44b)$$

$$A_{iz}^n Q_{zi}^* = G_{zi}^n \quad\quad (3.3-44c)$$

上述表达式中的系数矩阵及各向量的表达如下:

$$G_{xi}^n = [Fq_{xi,1}^n\Delta\sigma_1 + \Delta t\tau_s/\rho,\ Fq_{xi,2}^n\Delta\sigma_2,\ \cdots,\ Fq_{xi,k}^n\Delta\sigma_k,\ \cdots Fq_{xi,KBM}^n\Delta\sigma_{KBM}]^T$$

$$G_{yi}^n = [Fq_{yi,1}^n\Delta\sigma_1 + \Delta t\tau_{sy}/\rho,\ Fq_{yi,2}^n\Delta\sigma_2,\ \cdots,\ Fq_{yi,k}^n\Delta\sigma_k,\ \cdots Fq_{yi,KBM}^n\Delta\sigma_{KBM}]^T$$

$$G_{zi}^n = [Fq_{zi,1}^n\Delta\sigma_1,\ Fq_{zi,2}^n\Delta\sigma_2,\ \cdots,\ Fq_{zi,k}^n\Delta\sigma_k,\ \cdots Fq_{zi,KBM}^n\Delta\sigma_{KBM}]^T$$

$$Q_{xi}^n = [q_{xi,1}^n,\ q_{xi,2}^n,\ \cdots,\ q_{xi,k}^n,\ \cdots q_{xi,KBM}^n]^T$$

$$Q_{yi}^n = [q_{yi,1}^n, q_{yi,2}^n, \cdots, q_{yi,k}^n, \cdots q_{yi,KBM}^n]^T$$

$$Q_{zi}^n = [q_{zi,1}^n, q_{zi,2}^n, \cdots, q_{zi,k}^n, \cdots q_{zi,KBM}^n]^T$$

$$B_i = [gH_i^n \Delta t \theta \Delta \sigma_1, \cdots, gH_i^n \Delta t \theta \Delta \sigma_k, \cdots, gH_i^n \Delta t \theta \Delta \sigma_{KBM}]^T$$

$$Z_{1i} = [\Delta t \theta \Delta \sigma_1, \cdots, \Delta t \theta \Delta \sigma_k, \cdots, \Delta t \theta \Delta \sigma_{KBM}]$$

$$Z_{2i} = [\Delta t (1-\theta) \Delta \sigma_1, \cdots, \Delta t (1-\theta) \Delta \sigma_k, \cdots, \Delta t (1-\theta) \Delta \sigma_{KBM}]$$

$$A_i^n =$$

$$\begin{bmatrix} \left(\Delta \sigma_1 + \frac{\Delta t K_{i,3/2}}{H_i^n H_i^n \Delta \sigma_{3/2}}\right) & \left(\frac{-\Delta t K_{i,3/2}}{H_i^n H_i^n \Delta \sigma_{3/2}}\right) & & & \\ \left(\frac{-\Delta t K_{i,3/2}}{H_i^n H_i^n \Delta \sigma_{3/2}}\right) & \left(\Delta \sigma_2 + \frac{\Delta t K_{i,3/2}}{H_i^n H_i^n \Delta \sigma_{3/2}} + \frac{\Delta t K_{i,5/2}}{H_i^n H_i^n \Delta \sigma_{5/2}}\right) & & \left(\frac{-\Delta t K_{i,5/2}}{D_i^n D_i^n \Delta \sigma_{5/2}}\right) & \\ & \vdots & & \vdots & & \vdots \\ & \left(\frac{-\Delta t K_{i,k-1/2}}{H_i^n H_i^n \Delta \sigma_{k-1/2}}\right) & \left(\Delta \sigma_k + \frac{\Delta t K_{i,k-1/2}}{H_i^n H_i^n \Delta \sigma_{k-1/2}} + \frac{\Delta t K_{i,k+1/2}}{H_i^n H_i^n \Delta \sigma_{k+11/2}}\right) & & \left(\frac{-\Delta t K_{i,k+1/2}}{D_i^n D_i^n \Delta \sigma_{k+1/2}}\right) & \\ & & \vdots & & \vdots \\ & & \left(\frac{-\Delta t K_{i,KBM-1/2}}{H_i^n H_i^n \Delta \sigma_{KBM-1/2}}\right) & \left(\Delta \sigma_{KBM} + \frac{\Delta t K_{i,KBM-1/2}}{H_i^n H_i^n \Delta \sigma_{KBM-1/2}} + \Delta t C_D \mid q_{i,KBM}^n \mid /H_i^{n2}\right) \end{bmatrix}$$

对于动量方程式(3.3-44a,b),可以引入另一个临时变量 Q_{xi}^{*-}, Q_{yi}^{*-},得:

$$A_i^n Q_{xi}^{*-} = G_{xi}^n \tag{3.3-45a}$$

$$A_i^n Q_{yi}^{*-} = G_{yi}^n \tag{3.3-45b}$$

针对本文所引述的数值方法,方程式(3.3-45a,b)的系数矩阵均为三对角形式。引入的临时变量 Q_{xi}^{*-}, Q_{yi}^{*-} 可通过针对三对角代数方程组的追赶法快速数值求解(TDMA 算法)。引入临时变量 Q_{xi}^{*-}, Q_{yi}^{*-} 后,G_{xi}^n 和 G_{yi}^n 在后续的数值离散过程中不再出现,避免了对其空间梯度的计算。用式(3.3-44a,b)减去式(3.3-45a,b),得到如下的离散方程:

$$A_i^n (Q_{xi}^* - Q_{xi}^{*-}) = -B_i^n \left(\frac{\partial \zeta^*}{\partial x}\right)_i \tag{3.3-46a}$$

$$A_i^n (Q_{yi}^* - Q_{yi}^{*-}) = -B_i^n \left(\frac{\partial \zeta^*}{\partial y}\right)_i \tag{3.3-46b}$$

同时引入新的变量后,改写式(3.3-43)为

$$\zeta_i^* + Z_{1i} \left[\frac{\partial (Q_x^* - Q_x^{*-})}{\partial x}\right]_i + Z_{1i} \left[\frac{\partial (Q_y^* - Q_y^{*-})}{\partial y}\right]_i$$
$$= \zeta_i^n - Z_{2i} \frac{\partial Q_x^n}{\partial x} - Z_{2i} \frac{\partial Q_y^n}{\partial x} - Z_{1i} \frac{\partial Q_{xi}^{*-}}{\partial x} - Z_{1i} \frac{\partial Q_{yi}^{*-}}{\partial y} \tag{3.3-47}$$

将式(3.3-46a,b)代入式(3.3-47),得到关于水位高程函数的离散形式的控制
方程:

$$\zeta_i^* - Z_{1i}\left\{\frac{\partial}{\partial x}\left[(A^n)^{-1}B^n\left(\frac{\partial \zeta^*}{\partial x}\right)\right]\right\}_i - Z_{1i}\left\{\frac{\partial}{\partial y}\left[(A^n)^{-1}B^n\left(\frac{\partial \zeta^*}{\partial y}\right)\right]\right\}_i = BB_i$$

$$(3.3-48)$$

式(3.3-48)为水平二维形式,在水平计算单元内做面积分,得:

$$\zeta_i^* \Delta S_i - Z_{1i}\sum_{s=1}^{NS}(A_i^n)^{-1}B_i^n\left\langle\frac{\partial \zeta^*}{\partial x}\right\rangle_{is}^f \cos\alpha_{is}\Delta l_{is}$$
$$- Z_{1i}\sum_{s=1}^{NS}(A_i^n)^{-1}B_i^n\left\langle\frac{\partial \zeta^*}{\partial y}\right\rangle_{is}^f \sin\alpha_{is}\Delta l_{is} = \langle BB_i\rangle$$

$$(3.3-49)$$

式中,符号$\langle\ \rangle^f$代表位于计算单元i的界面处的相应计算值,ΔS_i为i单元的
面积,NS为单元i的单元面总数,Δl_{is}为单元i的第s条单元面,$(\cos\alpha_{is},$
$\sin\alpha_{is})^{\mathrm{T}}$为相应单元面的外法向单位矢量。利用单元面处的局部坐标系(ξ,η)
计算式(3.3-49)中(x,y)坐标系下的变量梯度,表达式为

$$\zeta_i^* \Delta s_i - Z_{1i}\sum_{s=1}^{NS}\frac{A_i^{n-1}B_i^n}{J_{is}}\left\langle\frac{\partial \zeta^*}{\partial \xi}y_\eta - \frac{\partial \zeta^*}{\partial \eta}y_\xi\right\rangle_{is}^f \cos\alpha_{is}\Delta l_{is}$$
$$- Z_{1i}\sum_{n=1}^{NS}\frac{A_i^{n-1}B_i^n}{J_{is}}\left\langle\frac{\partial \zeta^*}{\partial \eta}x_\xi - \frac{\partial \zeta^*}{\partial \xi}x_\eta\right\rangle_{is}^f \sin\alpha_{is}\Delta l_{is} = \langle BB_i\rangle$$

$$(3.3-50)$$

利用局部坐标系,水位高程函数的空间梯度可直接由当前单元与其共边的邻单
元格心处的变量值计算得到,离散方程的最简形式为

$$AP_i\zeta_i^* - \sum_{s=1}^{NS}AP_{is}\zeta_{is}^* = \langle\widetilde{B}_i\rangle \qquad (3.3-51)$$

其中的系数计算如下:

$$AP_{is} = \frac{Z_{1i}A_i^{n-1}B_i^n y_{\eta is}}{J_{is}\Delta\xi_{is}}\cos\alpha_{is}\Delta l_{is} - \frac{Z_{1i}A_i^{n-1}B_i^n x_{\eta is}}{J_{is}\Delta\xi_{is}}\sin\alpha_{is}\Delta l_{is},$$

$$AP_i = \Delta S_i + \sum_{s=1}^{NS}AP_{is}$$

式中,ζ_{is}^*是i单元的邻单元s格心处的水位高程函数。离散方程式(3.3-51)的
右端项$\langle\widetilde{B}_i\rangle$包含了$\langle\partial\zeta^*/\partial\eta\rangle^f$,即单元界面上$\eta$方向的梯度运算以显格式做
数值离散。若以隐格式做相应的数值离散,理论上可行,但是离散方程组将涉及

更多的未知变量。

采用迭代法(如共轭梯度法)数值求解代数方程组(3.3－51),得到水位高程函数,进而代入式(3.3－44a,b)计算临时速度变量 Q_{xi}^*, Q_{yi}^*。该流场计算的预估阶段可独立完成,若仅求解静压模型,则计算终止。如果求解非静压模型方程,该速度值仅为预估值。由计算过程可知,该流场变量的预估值是静压作用下的流场变量,具有一定的物理机制,而并非简单的临时变量求解。预估值的准确度决定着后续的动压求解的收敛速度。

2. 校正流场——非静压作用下的流场计算

若需进行动压求解,需要先数值求解方程式(3.3－44c)以获得垂向速度 Q_z^* 的临时计算值。在预估流场完成的条件下,将完整的时间积分步的离散方程表达为

$$
\begin{aligned}
\frac{q_{xi}^{n+1} - q_{xi}^n}{\Delta t} =& Fq_{xi}^n - gH\theta \left(\frac{\partial \zeta^*}{\partial x}\right)_i - gH(1-\theta)\left(\frac{\partial \zeta^n}{\partial x}\right)_i \\
&- \frac{H}{\rho_0}\left(\frac{\partial p_n^{n+1}}{\partial x}\right)_i + \left[\frac{\partial}{H\partial\sigma}\left(\frac{\nu_{tv}}{H}\frac{\partial q_x^*}{\partial\sigma}\right)\right]_i
\end{aligned}
\tag{3.3-52a}
$$

$$
\begin{aligned}
\frac{q_{yi}^{n+1} - q_{yi}^n}{\Delta t} =& Fq_{yi}^n - gH\theta \left(\frac{\partial \zeta^*}{\partial y}\right)_i - gH(1-\theta)\left(\frac{\partial \zeta^n}{\partial y}\right)_i \\
&- \frac{H}{\rho_0}\left(\frac{\partial p_n^{n+1}}{\partial y}\right)_i + \left[\frac{\partial}{H\partial\sigma}\left(\frac{\nu_{tv}}{H}\frac{\partial q_y^*}{\partial\sigma}\right)\right]_i
\end{aligned}
\tag{3.3-52b}
$$

$$
\frac{q_{zi}^{n+1} - q_{zi}^n}{\Delta t} = Fq_{zi}^n - \frac{1}{\rho_0}\left(\frac{\partial p_n^{n+1}}{\partial\sigma}\right)_i + \left[\frac{\partial}{H\partial\sigma}\left(\frac{\nu_{tv}}{H}\frac{\partial q_z^*}{\partial\sigma}\right)\right]_i
\tag{3.3-52c}
$$

将式(3.3－52a,b,c)与式(3.3－41a,b,c)做减法运算,得到动压 p_n 作用下的流体运动控制方程:

$$
\frac{q_{xi}^{n+1} - q_{xi}^*}{\Delta t} = -\frac{H}{\rho_0}\left(\frac{\partial p_n^{n+1}}{\partial x}\right)_i
\tag{3.3-53a}
$$

$$
\frac{q_{yi}^{n+1} - q_{yi}^*}{\Delta t} = -\frac{H}{\rho_0}\left(\frac{\partial p_n^{n+1}}{\partial y}\right)_i
\tag{3.3-53b}
$$

$$
\frac{q_{zi}^{n+1} - q_{zi}^*}{\Delta t} = -\frac{1}{\rho_0}\left(\frac{\partial p_n^{n+1}}{\partial\sigma}\right)_i
\tag{3.3-53c}
$$

预估流场的临时速度满足水深积分的连续方程,但不能精确满足局部的连

续性条件。由控制方程式(3.3-53a,b,c)求解得到的校正后的流场必须严格满足质量守恒条件,即需要满足局部的连续性方程。将连续性方程转换至 σ 坐标系,表达式为

$$\frac{\partial q_x}{\partial x} + \frac{\partial q_y}{\partial y} + \frac{\partial q_z}{H \partial \sigma} = \frac{\partial}{H \partial \sigma} \left[\frac{\partial \eta}{\partial x}(1+\sigma)q_x + \frac{\partial \eta}{\partial y}(1+\sigma)q_y \right.$$
$$\left. + \frac{\partial h}{\partial x}\sigma q_x + \frac{\partial h}{\partial y}\sigma q_y \right] \tag{3.3-54}$$

将式(3.3-53a,b,c)代入式(3.3-54),并将右端项做显式计算,即将静压作用下的流场临时变量代入相关的计算表达式,推导得到关于动压 p_n^{n+1} 的控制方程:

$$\left[\Delta t \frac{\partial}{\partial x}\left(\frac{H}{\rho_0}\frac{\partial p_n^{n+1}}{\partial x}\right) + \Delta t \frac{\partial}{\partial y}\left(\frac{H}{\rho_0}\frac{\partial p_n^{n+1}}{\partial y}\right) + \Delta t \frac{\partial}{H \partial \sigma}\left(\frac{1}{\rho_0}\frac{\partial p_n^{n+1}}{\partial \sigma}\right) \right]_{i,k}$$
$$= \left(\frac{\partial q_x^*}{\partial x}\right)_{i,k} + \left(\frac{\partial q_y^*}{\partial y}\right)_{i,k} + \left(\frac{\partial q_z^*}{H \partial \sigma}\right)_{i,k} - \frac{\partial}{H \partial \sigma}\left[\frac{\partial \eta^*}{\partial x}(1+\sigma)q_x^* \right.$$
$$\left. + \frac{\partial \eta^*}{\partial y}(1+\sigma)q_y^* + \frac{\partial h}{\partial x}\sigma q_x^* + \frac{\partial h}{\partial y}\sigma q_y^* \right]_{i,k} \tag{3.3-55}$$

基于非结构计算网格数值离散控制方程式(3.3-55),得到关于动压 p_n^{n+1} 的离散化的代数方程组,其最简形式为

$$AP_{i,k} p_{mi,k}^{n+1} - AP_{i,k}^T p_{mi,k-1}^{n+1} - AP_{i,k}^B p_{mi,k+1}^{n+1} - \sum_{s=1}^{NS} AP_{i,k}^s p_{mi,s}^{n+1} = BP_{i,k} \tag{3.3-56}$$

其中各系数计算如下:

$$AP_{i,k}^s = \Delta t \Delta \sigma_k \left\langle \frac{H \Delta l_{is}}{\rho_0 J_{is} \Delta \xi_{is}}(y_\eta \cos \alpha_{is} - x_\eta \sin \alpha_{is}) \right\rangle^f$$

$$AP_{i,k}^T = \frac{\Delta t \Delta s_i}{H \rho_0 \Delta \sigma_{k-1/2}}$$

$$AP_{i,k}^B = \frac{\Delta t \Delta s_i}{H \rho_0 \Delta \sigma_{k+1/2}}$$

$$AP_{i,k} = \sum_{s=1}^{NS} AP_{i,k}^s + AP_{i,k}^T + AP_{i,k}^B$$

式中,$p_{mi,s}^{n+1}$ 是当前单元 i 的第 s 个邻单元格心处的压力值,$BP_{i,k}$ 是式(3.3-55)右端项在当前计算网格内的体积分值。

采用迭代法数值求解代数方程式(3.3-56),得到动压值,进而将动压值代入控制方程式(3.3-53a,b,c),更新得到 $n+1$ 时刻的流速值。

非静压模型的预估-校正法数值求解,从数值求解方法的角度而言,类似于SIMPLE 类算法,属于一种不可压缩流体运动的常规方法。但动压计算只有一次迭代,而 SIMPLE 类算法通常需要数次迭代以达到计算值的收敛。分析非静压模型的提出,可知其压力分解具有较明确的物理背景,即静压并非简单的数值量,而是具有明确意义的物理量。特别对于带自由表面的水流运动,静压占据总压力的一定比例。以静压作用下的流场作为预估流场,已经在一定程度上反映了真实流动,故非静压的求解仅迭代一次即可达到数值模拟的精度要求。

本文介绍的数值方法仅是针对所建立的数学模型及相应的计算软件,关于非静压模型的数值求解的著作很多,但基本上都延续了静压模型的数值求解方法,模型可以在静压模式和非静压模式间自由转换。

第 4 章

非静压模型数值求解方法校验

前文着重介绍了非静压模型的一种数值求解方法,建立的数值模型基于非结构计算网格,采用有限体积法(FVM)数值离散。控制方程对流项的数值离散采用二阶的 TVD 格式及高阶的 WENO 格式,离散的大型代数方程组采用迭代法(共轭梯度法)求解。为提高计算效率,同时发挥现代计算设备的硬件能力,计算软件的编制基于 MPI 和 OpenMP 混合的并行策略。本章侧重介绍非静压模型数值求解的校验,其一为数值方法的验证,即离散格式、数值模拟精度等;其二为数值模型的有效性验证,即对物理过程模拟的适用性及模拟精度评估,阐述静压模型扩展至非静压模型的必要性。

4.1 计算网格生成

数值模型的建立及求解的首要任务是确定数值离散格式所采用的计算网格形式。计算流体动力学(CFD)计算网格分为结构化网格和非结构化网格,关于网格的类型和生成方法的研究已有很久的历史(Thompson et al.,1985),但目前网格生成的研究及软件实现仍然受到极大的关注。图 4.1-1 绘出了几种常见的计算网格,分别为结构化网格、非结构化网格和复杂几何体区块构成的网格。常见的这几类网格形式,直观上由简至繁,而其发展的时间历程总体上也是由远至今。网格生成的背景需求越来越复杂,既包括几何形状的复杂性,也包括物理问题的复杂性,如捕获局部激波所应用的自适应网格等。网格生成的技术发展需要适应不断提高的应用需求,向着生成速度更快、分辨率更高、自适应性更强等方面不断进步。

在本章所述非静压模型的数值求解中,计算网格的构成分为水平面内非结构化的二维计算网格和垂向的分层计算网格。垂向的分层结构通过设定层高相对于总水深的比例实现,无须额外的网格生成过程。水平面内非结构化的计算网格采用阵面推进法生成,如图 4.1-2 所示,由选定的几何边界单元开始,逐渐

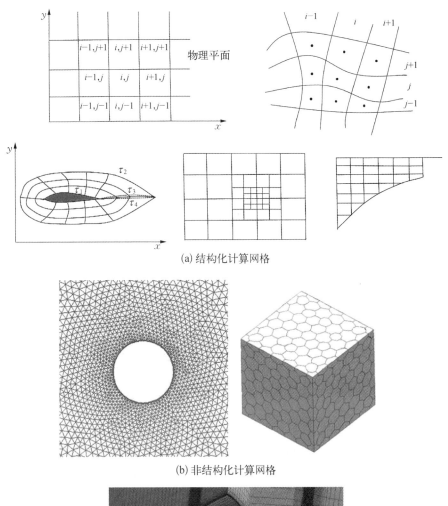

(a) 结构化计算网格

(b) 非结构化计算网格

(c) 复杂几何体区块构成计算网格

图 4.1-1 常用计算网格类型

推进生成非结构化的计算网格。阵面推进法通常适用于生成三角形计算网格，四边形的非结构计算网格的生成可借助三角形计算网格作为背景，称其为非直接法(Owen et al.，1999)。

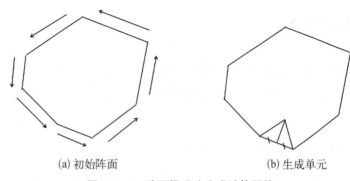

(a) 初始阵面   (b) 生成单元

图 4.1-2 阵面推进法生成计算网格

静压和非静压水波模型多应用于大尺度的地表水流运动,该应用场景通常计算域尺度较大,几何约束复杂。计算网格的生成质量除依赖于相关算法外,还与边界单元剖分、局部单元质量控制因子(如光滑因子、局部尺度控制因子等)有关。小范围计算域鉴于其边界条件相对简单和较容易设定若干控制因子,比较容易保障网格的生成质量。故可以首先将整体计算域做剖分,然后逐个独立地生成各子域的计算网格,最后将各子域的计算网格合成整体计算网格。图4.1-3为针对长江流域,按分块-合成方法生成的计算网格,可获得整体质量较高的网格系统。

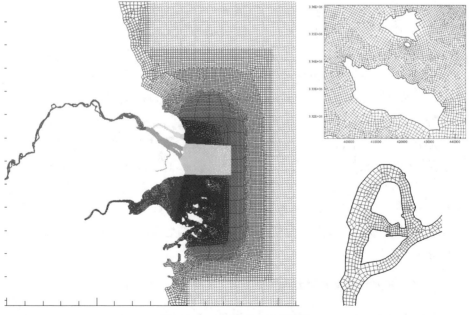

图 4.1-3 分块组装计算网格

4.2 数值算法验证

在前文所述计算网格生成的基础上，本节对数值模型的校验主要关注数值方法的可行性、数值格式的精度、数值模拟结果的正确性（物理过程模拟的合理性）。

4.2.1 半隐式数值离散格式校验

前面章节已经详细介绍了非静压模型的数值算法，即预估-校正法。预估流场的计算过程中，时间积分采用了半隐式的数值格式，即通过引入控制因子 θ 实现数值积分的半隐式格式，数值离散精度为二阶。实践表明 θ 的取值对于数值模拟精度具有一定的影响（Casulli et al.，1994；Kocyigit et al.，2002；Chen，2003）。针对本文的非静压数值模型，设计相关的算例以验证半隐式格式的数值模拟性能及离散格式的数值精度，从而进一步确定因子 θ 的取值。

非静压模型适用于色散水波的模拟，通常情况下水波的色散性可由参数 kh 确定。当 $kh < \pi/10$ 时，静压模型适用；当 $kh > \pi$ 时，需要采用非静压模型。本算例针对驻波运动开展模型算法的验证，设计静水深 $h = 10$ m，计算域水平长 10 m。初始水位给定特定相位的水位高程函数，即初始波形，进而模拟水波的自由振荡。设计工况的波动参数为：波数 $k = 2\pi/\lambda$，波长 $\lambda = 20.0$ m，波幅 $a = 0.15$ m，相应的色散参数 $kh = \pi$。数值模拟过程中的初始水位函数 $\eta_0 = a\cos(kx)$，满足分辨率要求的水平计算网格尺度 $\Delta x = 0.2$ m，垂向计算网格尺度 $\Delta\sigma = 0.05 \sim 0.1$，时间积分步长 $\Delta t = 0.01$ s。分别设定不同的 θ 值，通过分析观测点处的水位及流速值，考察半隐格式控制因子 θ 对模拟精度的影响。

图 4.2-1 给出了 $x = 0.6$ m 处的水位历时及水深平均流速的时间序列，分别对应于不同的 θ 取值。当 $\theta = 1.0$ 时，对应的是全隐式的数值计算格式，数值计算过程的稳定性较好。但全隐式的数值格式引入了过大的数值黏性，这一点在图 4.2-1 中可明显获知。当 $\theta = 0.5$ 时，计算格式为半隐式格式，数值黏性大大降低。当 $\theta = 0.0$ 时，计算格式为全显式格式，计算时间步长受到快速传播的重力波的限制，计算容易发散。通过计算实例表明，为兼顾计算精度与计算效率，通常将 θ 值取为 0.5。

4.2.2 TVD 数值离散格式验证

数值模型的开发需要对数值离散格式做严格的验证，既包括数值格式在理

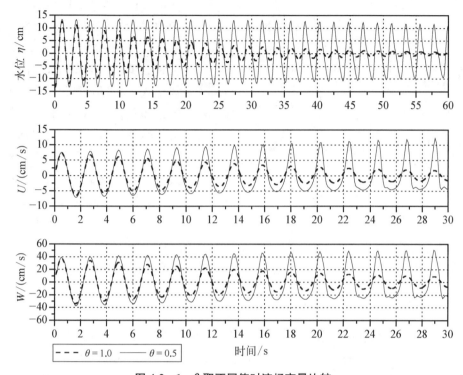

图 4.2 - 1　θ 取不同值时流场变量比较

论上的建模,也涉及数值计算软件代码的实现过程。各种数值格式均会带入一定的离散误差,同时不可避免地存在数值计算的舍入误差。TVD 格式遵循总变差最小原则构造数值离散格式,已被证明可有效地降低计算过程中的数值振荡,提高数值模拟的稳定性,同时得到较高的数值模拟精度。本文非静压模型的数值离散格式以二阶 TVD 格式为主,通过设计算例验证数值格式的有效性及数值模拟精度。

　　该设计算例的计算范围为 $L \times L = 1\,000\,\text{m} \times 1\,000\,\text{m}$ 的计算域,初始设定某一方形波,数值模拟定常流动条件下方形波的传播。理论分析表明方形波在该理想动力条件下长距离传播,波形理应保持不变。采用不同的数值离散格式模拟方形波的传播,随着传播距离的增加,波形发生变化,其为数值模拟误差所致。可以通过对比方形波在传播过程中波形的变化程度,验证各种数值离散格式的模拟精度。

　　初始时刻,在某一范围 $[x_1: x_2, y_{-L/2}: y_{L/2}]$ 内设定初始方波波形,如图 4.2 - 2 所示。流场模拟采用无黏流模型,且流速均匀分布。算例针对五种常

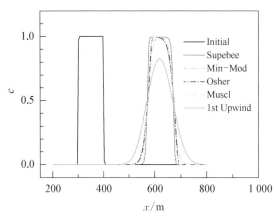

图 4.2 - 2　TVD 数值格式比较

用的二阶 TVD 数值格式做了数值模拟,并与理论分析结果对比,比较结果示于图 4.2 - 2。五种数值离散格式中,一阶迎风格式(1st Upwind)模拟的波形误差最大,该格式引入了较大的数值黏性,这一点与理论分析一致。几种二阶 TVD 格式的模拟精度较高,均可以得到与理论分析较一致的模拟结果。TVD 数值离散格式的一个显著性能在于抑制数值振荡,具体表现在传播过程中的方波波形的模拟结果保持了较锐利的波阵面,在波阵面处极大地抑制了数值振荡波的发生。

4.2.3　行波模拟能力验证

前文分别从数值离散格式、显隐式格式性能等方面对模型做了基本的校验。本节中非静压模型的建立是针对带自由表面的水流运动,对非线性色散水波的模拟能力是对所述数值方法的基本校验,同时也是对数值计算程序整体运行可靠性的校验。

1. 数值造波/消波

数值模拟带自由表面的水波运动,需要构建数值波浪水槽/池。数值造波、消波技术有多种,如点源造波法、推板造波法等常用数值方法。本节仅介绍点源造波法,该方法通过在动量方程中引入描述波动现象的控制源函数,实现点源造波,引入的动量源表达式为

$$q = \begin{cases} q_s & x = x_s \\ 0 & x \neq x_s \end{cases} \qquad (4.2 - 1)$$

式中,x_s 为造波点位置(以坐标 x 向行波为例);q_s 为造波点源的强度,且由波浪理论给出的水质点速度计算得到,即 $q_s = 2u/\Delta x$。点源计算表达式中的 u 为波浪水质点的水平流速,Δx 为造波位置处计算网格的水平尺度。点源法的一个明显缺陷在于点源强度依赖于计算网格尺度,若网格分辨率不高,将造成点源强度过低。

本节模型的数值造波过程中,为保持计算初始阶段的计算稳定性,在前三个

造波周期内将造波强度由零逐渐加大到预设值,即造波点源的强度 q_s 按下式计算:

$$q_s = \begin{cases} [1 - \exp(-2t/T)] \times q_s & t \leqslant 3T \\ q_s & t > 3T \end{cases} \qquad (4.2-2)$$

　　数值波浪水槽/池的建立需要仔细处理边界反射问题,即需要采用有效的数值消波技术消除波浪反射。本模型通过在计算域两端布置数值海绵域,利用阻尼消波技术实现反射波的消除,即在水槽两端各设置 1~2 倍波长的人工阻尼区对入射波浪进行衰减。采用如下线性分布的衰减系数 $\mu(x)$:

$$\mu(x) = \sqrt{1 - \left(\frac{x - x_0}{B}\right)^2} \qquad (4.2-3)$$

式中,x_0 和 B 分别为消波段的起点位置坐标和消波域的长度。通过引入衰减系数,即在动量方程中引入黏性力,实现对波浪动能的消耗,从而达到数值消波的目的。

　　动量方程中引入的源汇项借助波浪水质点速度的理论值计算得到,不同的目标波形需要选择其相应的水平速度的解析表达式,几种常用的波浪质点水平速度的解析表达式如下。

　　1) 线性水波模拟

$$u = \frac{H_1}{2} \frac{gk}{\omega} \frac{\cosh[k(\eta + h)(1 + \sigma)]}{\cosh(kh)} \cos(kx - \omega t) \qquad (4.2-4)$$

式中,H_1 为目标波高;k 为波数,$k = 2\pi/\lambda$;ω 为波浪角频率。

　　2) 三阶 Stokes 水波模拟

$$u = c\{F_1 \cosh[k(\eta + h)(1 + \sigma)]\cos\theta + F_2 \cosh[2k(\eta + h)(1 + \sigma)]\cos 2\theta$$
$$+ F_3 \cosh[3k(\eta + h)(1 + \sigma)]\cos 3\theta\} \qquad (4.2-5)$$

式中,波幅 a 与波高的关系为 $H_1 = 2a + \dfrac{3k^2 a^3 [8\cosh^6(kh) + 1]}{32\sinh^6(kh)}$;根据色散关系式,波浪的相速度 $c = \sqrt{\left\{1 + (ka)^2 \dfrac{[\cosh(4kh) + 8]}{8\cosh^4(kh)}\right\} \dfrac{g}{k} \tanh(kh)}$;波浪相位角 $\theta = kx - \omega t$;流速表达式的三项中各系数分别为 $F_1 = \dfrac{ka}{\sinh(kh)}$,$F_2 =$

$$\frac{3(ka)^2}{4\sinh^4(kh)}, \quad F_3 = \frac{3(ka)^3[11 - 2\cosh(2kh)]}{64\sinh^7(kh)}.$$

3) 不规则波模拟

不规则波列含有众多成分波,由给定的波谱计算波浪水质点的速度,进而实现数值造波过程中点源的计算。采用 JONSWAP 波谱作为目标波谱,其表达式为

$$S(f) = \beta_J H_{1/3}^2 T_p^{-4} f^{-5} \exp\left[-\frac{5}{4}(T_p f)^{-4}\right] \qquad (4.2-6)$$
$$\cdot \gamma^{\exp[-(f/f_p-1)^2/2\sigma_1^2]}$$

式中,$\beta_J = \dfrac{0.062\,38}{0.230 + 0.033\,6\gamma - 0.185\,(1.9 + \gamma)^{-1}}$;$H_{1/3}$ 为随机波列的有效波高;T_p 为随机波的谱峰周期,$T_p = \dfrac{T_{H1/3}}{1 - 0.132\,(\gamma + 0.2)^{-0.559}}$;$f$ 为成分波的频率(Hz);f_p 为波浪谱的峰值频率,$f_p = 1/T_p$;γ 为谱峰升高因子;峰形参数 $\sigma_1 = \begin{cases} 0.07 & f \leqslant f_p \\ 0.09 & f > f_p \end{cases}$。

将不规则波分解为一系列独立的成分波,进而将各成分波的水质点速度叠加,得到不规则波的水质点速度:

$$u(\sigma) = \sum_{i=1}^{m} \sqrt{2S_{\hat{\omega}_i} \Delta\omega_i}\, \bar{\omega}_i\, \frac{\cosh[k_i(1+\sigma)(h+\eta)]}{\sinh(k_i h)} \cdot \cos(\bar{\omega}_i t + \varepsilon_i)$$
$$(4.2-7)$$

式中,$S_{\hat{\omega}_i}$ 是波浪频谱上 $\hat{\omega}_i$ 对应的频谱值,$\hat{\omega}_i = (\omega_i + \omega_{i+1})/2$,$\Delta\omega_i = \omega_{i+1} - \omega_i$。对于组成不规则波的每一个规则波组分,其频率 $\bar{\omega}_i$ 在频率区间 (ω_i, ω_{i+1}) 随机获取,初始相位角 ε_i 在 $[0, 2\pi]$ 范围内随机获取。不规则波频谱的组分划分数 m 通常取 $50 \sim 100$。

上述点源造波法,可通过设置点源布置方式实现不同波况的模拟,不仅限于长峰波,也可生成短峰波,更有助于模拟实际海浪。

数值波浪水槽/池在水波问题研究及工程应用领域发挥着重要的作用。依托 RANS 模型求解器,采用 VOF 方法捕捉自由表面而建立的数值水槽/池,可获得较高的模拟精度。但由于计算能力的限制,目前较难实现大尺度的数值模拟。鉴于自由表面捕捉的间接方法及数值求解方法,本节模型所建立的数值水

槽/池计算效率较高。

2. 色散水波数值模拟验证

1) 规则波验证

利用建立的数值波浪水槽验证非静压模型计算求解的正确性。数值生成非线性水波,设定三阶 Stokes 波的生成参数。设波高 $H_1 = 0.1$ m,波周期 $T = 1.4$ s,计算域水深 $h = 0.5$ m,相应的 $kh \approx 1.22$。计算域水平采用均匀计算网格,尺度 $\Delta x = 0.05$ m,垂向相对的网格分辨率为 $\Delta\sigma = 0.004 \sim 0.1$。采用点源造波,瞬时波面线如图 4.2 - 3 所示,两列波自造波点向两侧同时传播。在造波点右侧 4λ(λ 为波长)处设置观测点,采集流场数据。观测点处的波面历时用于与波浪理论解做比较验证。模拟结果的验证如图 4.2 - 4 所示,波面的模拟值与理论解吻合较好,初步验证了该非静压模型对色散水波数值模拟的精度。

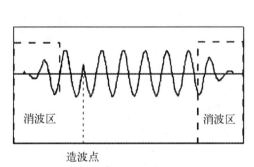

图 4.2 - 3　数值造波瞬时波面线示意图

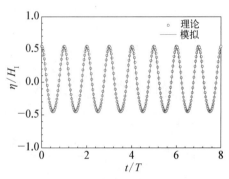

图 4.2 - 4　固定点处(距造波点 4λ 处)观测的波面模拟值与理论解的比较

2) 不规则波验证

进一步校核该非静压模型对色散的不规则波的模拟能力。利用式(4.2 - 7)的水质点速度计算点源造波的动量源,在点源处数值生成不规则波波列。采用 JONSWAP 随机波谱,设定数值造波的各参数为:$\gamma = 3.3$,$T_p = 1.4$ s,$H_{1/3} = 0.04$ m,$f_{\max} = 4f_p$。随机波由众多成分波组成,一个完整的波列包括的成分波个数设定为 100。待数值造波稳定后,继续计算多个波列,用于对模拟的波参数做统计分析。

图 4.2 - 5 绘出了瞬时波面,结果显式不规则波自造波点向两侧传播,并在消波区被逐渐耗散,数值波浪水槽性能良好。图 4.2 - 6 记录了距离造波点 $4\lambda_p$(λ_p 为峰值波组分的波长)处水位高程的时间历程,可进一步通过对其做频谱分析,验证不规则波的数值模拟精度。对图 4.2 - 6 所记录的波面高程的

历时数据做频谱分析,结果如图 4.2 - 7 所示。将计算所得的频谱曲线与
JONSWAP 理论谱进行对比,验证了非静压模型数值模拟不规则波的计算能
力及模拟精度。

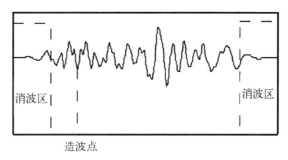

图 4.2 - 5　瞬时不规则波波面

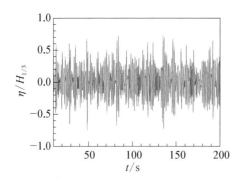

图 4.2 - 6　观测点 $4\lambda_p$ 处的波面历时

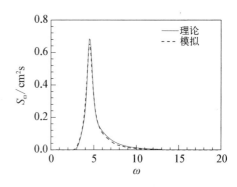

图 4.2 - 7　不规则波数值模拟的频谱验证

4.3　非静压模型有效性校验

上一节对非静压模型的数值求解做了基础性的校验,涉及数值离散格式、计
算参数和色散水波的模拟等方面,验证了数值求解方法的正确性。非静压模型
构造的初衷很大程度上是弥补静压模型的不足,即提高数值模型对水波色散性
能的模拟能力。本节通过设计典型算例,验证非静压模型和静压模型的模拟性
能,通过对模拟结果的对比分析,阐明引用非静压模型的必要性。

4.3.1　深水驻波验证

非静压模型构建之初即针对色散水波的数值模拟。深水驻波属于色散波

动,且已有相关的理论成果发表。数值模拟结果与解析结果对比分析,量化非静压模型与静压模型的模拟精度比较,明确采用非静压模型的必要性。驻波流场的流动变量可由以下一阶的解析式给出:

$$\eta = a\cos(kx)\cos(\omega t)$$

$$u = a\omega\,\frac{\sin(\omega t)}{\sinh(kh)}\sin(kx)\cosh[k(z+h)]$$

$$w = -a\omega\,\frac{\sin(\omega t)}{\sinh(kh)}\cos(kx)\sinh[k(z+h)]$$

式中,$z=-h$ 为底床面,$z=0$ 为静水位,h 为静水深;u 和 w 分别为 x 和 z 向的流速。由色散关系式 $\omega^2 = gk\tanh(kh)$,计算得到波周期 $T \approx 3.59$ s。

设计验证算例的计算域水平长 10 m,均匀水深 $h=10$ m。 设定初始水位高程函数 $\eta_0 = a\cos(kx)$,此时流场静止,全流场流速为零。设波浪参数:$k=2\pi/\lambda$,$\lambda = 20.0$ m,$a = 0.15$ m,相应的 $kh = \pi$。 模拟开始后,波面发生振荡,再现驻波运动。设置两个观测点 $x=0.6$ m,8.6 m,记录流动变量的时间历程,与解析解对比,分析非静压模型的有效性。

理论分析表明该波动已超出静压模型的模拟能力,波动的色散性已不可忽略。静压模型和非静压模型模拟获得的流场差异明显,如图 4.3-1 所示。较之静压模型,非静压模型模拟的流速随着水深的增加明显减小。分析可知:$kh = \pi$ 或 $h/\lambda = 1/2$,相关波浪理论将其归为深水波,静压模型明显过高模拟了深水处的流动强度。

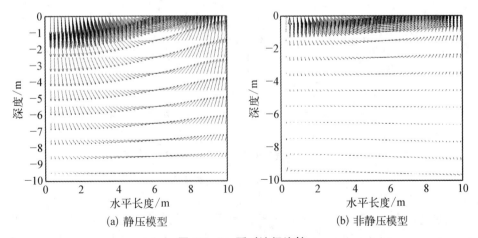

(a) 静压模型　　　　　　　　　　　(b) 非静压模型

图 4.3-1　瞬时流场比较

流速矢量场可从宏观上辨明两个模型模拟性能的差异,进一步的量化分析需要借助固定观测点处的流动变量的对比结果。提取两个观测点 $x=0.6$ m, 8.6 m 处的水位高程模拟结果,并与解析解做对比,如图 4.3-2 所示。模拟结果表明静压模型给出的水位演化过程的相位偏差较大,而非静压模型的模拟结果与解析解吻合较好。对于静压模型,其以静压假定为理论基础,适用于浅水长波。对于浅水长波,可近似视为非色散波,色散关系可近似为 $c=\sqrt{gh}$。 根据该色散关系式,波浪周期近似为 $T=\lambda/\sqrt{gD}\approx2.0$ s,而解析解给出的波周期大于该值,静压假定的近似带来了较大的误差。非静压模型模拟的波浪周期与解析解吻合较好,表明该模型对色散波具有很好的模拟能力。

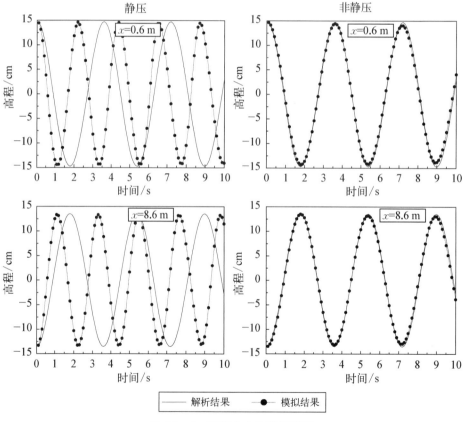

图 4.3-2　观测点水位高程验证

通过采集固定观测点处的水位变化历程,并与解析解比较,结果表明静压模型模拟的水位波动在相位上误差较大,但水面波动幅值与解析解符合较好。将相同测点处的流速模拟值与解析解比较,比较结果如图 4.3 - 3 所示,其中的流速模拟值和解析解均做了水深平均处理。比较结果显示静压模型对流速的计算,不仅相位存在明显的误差,流速大小也存在较大误差。非静压模型计算得到的流速历时与解析解符合较好,无论相位还是量值均获得了较高的模拟精度。

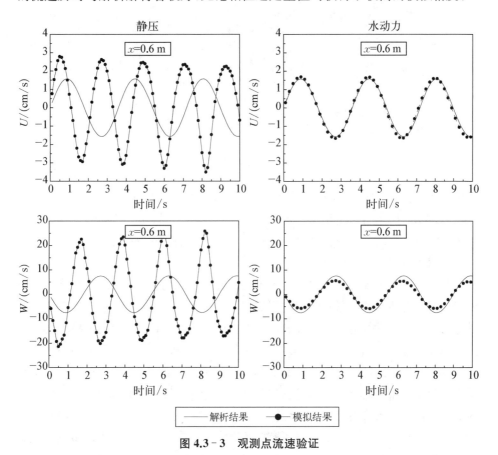

图 4.3 - 3　观测点流速验证

4.3.2　孤立波验证

孤立波的传播及变形是对非静压水波模型检验的一个有效算例。对于无黏性不可压流体,孤立波在平底水槽内传播,波形及相速度将保持不变。孤立波又称为永形波,其波形的保持是波动的非线性效应和色散效应共同作用的结果。关于孤立波的研究著作丰硕,发展了若干理论成果,可借助相关的解析解验证数值模型的模拟能力。

数值算例的计算域限定为长 1 000 m,均匀水深 $h = 10$ m。分别采用静压模型和非静压模型模拟孤立波在该平底长水槽中传播过程的波形演化,对比分析模型各自的适用性。孤立波的生成通过设定初始条件获得,即首先给出孤立波的初始波形及流速分布,进而计算该孤立波在平底长水槽中的传播及波形演化。初始时刻的水位及流速由 KdV 方程的解析解给出,表达式如下:

$$\zeta = H_S \operatorname{sech}^2\left[\sqrt{\frac{3H_S}{4h^3}}(x-x_0)\right]$$

$$u = \sqrt{\frac{g(H_S+h)}{h}}\,\zeta$$

$$w = \sqrt{3gh}\left(\frac{H_S}{h}\right)^{3/2}\left(\frac{z}{h}\right)\operatorname{sech}^2\left[\sqrt{\frac{3H_S}{4h^3}}(x-x_0)\right]\tanh\left[\sqrt{\frac{3H_S}{4h^3}}(x-x_0)\right]$$

$$c = \sqrt{g(H_S+h)}$$

式中,H_S 为孤立波波高,$h=10$ m 为静水深。为了得到比较完整的孤立波波形,在该算例中,设距水槽左侧 200 m 处 $x_0=200$ m 为孤立波的峰值点。相对波高为 $H_S/h=0.2$,水平网格尺度 $\Delta x=1.0$ m,垂向网格相对尺度 $\Delta\sigma=0.01\sim 0.1$,计算时步 $\Delta t=0.000\,1$ s。

孤立波波形的模拟精度是对数值模型模拟能力最直接的验证标准之一。静压模型模拟的孤立波波形的演化过程如图 4.3-4 所示,模拟结果展现了孤立波波动过程中的非线性效应。孤立波波形各点传播速度不一致,波峰传播速度较高,导致波面在传播中逐渐倾斜,这与孤立波传播过程中波形为永形波的现象不符,静压假定存在着较大的理论偏差。反观非静压模型的模拟结果,显示出孤立波波形在传播过程中保持得较好,可知动压修正项的引入提高了对波动色散性的模拟能力。该算例在给定的条件下,孤立波相速度的理论计算值约为10.85 m/s,非静压模型的模拟结果约为 10.50 m/s,而静压模型的模拟值约为 12.1 m/s。静压模型适用于非色散波动,对于该算例中的孤立波,色散性不可忽略,非静压模型对波动色散性的模拟能力显著提高。静压模型模拟的孤立波在平底上传播的过程中,波面逐渐陡峭。非静压模型的计算过程比较稳定,最终得到稳定的孤立波波形。

该算例的孤立波生成是通过设定初始流场条件获得的,初始波动场变量是根据 KdV 方程的解析解设定的,该解析解是孤立波真实流变量一定程度上的近似,如未考虑流速沿水深的变化等因素。初始引入的孤立波在传播的初始阶段并未形成稳定的波形,而是在"主孤立波"后演化出一系列的"尾波"。波动的色散性决定着主波与尾波有着不同的传播速度,随着孤立波传播距离的增加,波列将逐渐分裂,"尾波"逐渐与主波脱离开来,最终演化成稳定的孤立波波形。如图 4.3-5

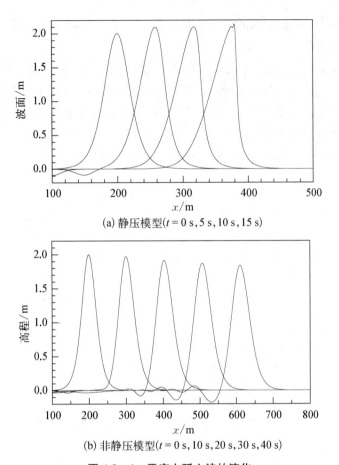

(a) 静压模型($t = 0\,\text{s}, 5\,\text{s}, 10\,\text{s}, 15\,\text{s}$)

(b) 非静压模型($t = 0\,\text{s}, 10\,\text{s}, 20\,\text{s}, 30\,\text{s}, 40\,\text{s}$)

图 4.3 - 4 平底上孤立波的演化

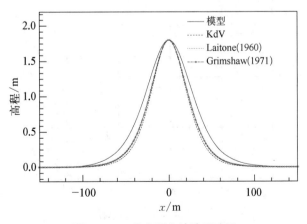

图 4.3 - 5 稳定孤立波波形验证

所示为模拟的稳定孤立波的波形与几种理论模型结果的比较,其验证了非静压模型的模拟能力。

对于水深 10 m、初始波高 2 m 的孤立波,模型计算得到的稳定孤立波的波高为 1.8 m。以该稳定孤立波作为初始条件,模拟孤立波的直墙反射。孤立波的入射与反射过程如图 4.3-6 所示。精确到二阶的孤立波在直墙上的最大爬高计算公式为(Yih et al., 1995):$H_m = 2H + H^2/2h$。式中,H_m 为最大爬高高度,H 为初始孤立波波高,h 为静水深。模型计算的最大爬高为 3.633 m,理论

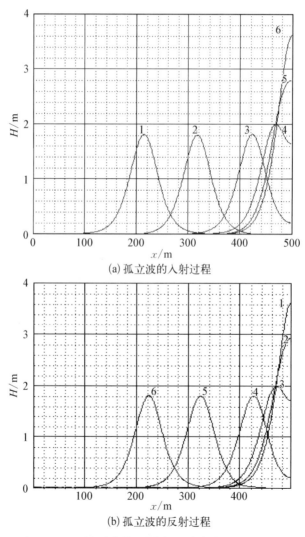

(a) 孤立波的入射过程

(b) 孤立波的反射过程

图 4.3-6　孤立波直墙反射(初始波高 2 m,水深 10 m)

计算的最大爬高为 3.762 m,误差为 3.4%。模拟结果验证了非静压模型的适用性和数值方法,以及数值求解的精度。

4.3.3　非线性波越潜坝的数值模拟

非静压模型对色散水波在平底上传播的模拟能力在上文中得到了一定的校验。本节算例针对越过潜坝的非线性波的传播,考察非静压模型对地形变化条件下水波演化的模拟能力。本节采用相关的物理模型实验作为验证算例,定量考察静压与非静压模型的适用性。Beji et al.(1993)和 Ohyama et al.(1994)开展的一系列波浪在潜坝影响下传播的实验被用来验证本节模型。实验布置如图 4.3-7 所示,实验水槽长 30 m,宽 0.4 m,右侧布置碎石消波,结构的几何参数如图 4.3-7 所示。图中编号 1～7 标注了浪高仪布设位置,用以记录波面的沿程演化。实验入射波波高为 0.01 m,波周期为 2.02 s(频率 $f_0 \approx 0.5$ Hz)。数值模拟采用相同的几何尺度,造波采用点源造波法,消波借助添加人工阻尼层实现。静压模型和非静压模型采用相同的计算网格,水平网格尺度 $\Delta x = 0.025$ m,垂向网格尺度为 0.005～0.04 m,计算时步 $\Delta t = 0.000\ 1$ s。

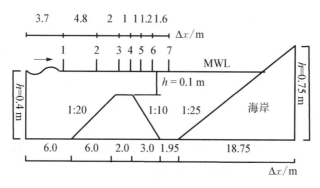

图 4.3-7　实验布置

分析入射来波条件,其波动参数 $kh \approx 0.628$ 或水深和波长之比 $h/\lambda \approx 0.1$,考虑到浅水波条件 $h/\lambda \approx 0.05$,入射波近似满足非色散的波动条件。数值模拟该入射波,静压模型可获得较高的模拟精度。但随着地形条件的改变,波动的色散性同时发生变化,空间某些位置处静压模型需要被非静压模型所取代。本节分别运行静压模型和非静压模型,将 7 个测点处水位历时的模拟值与相应的实验值做比较,进而分析各类模型的适用性。图 4.3-8 绘出了模拟结果与实测值的比较,(a)为静压模型模拟结果,(b)为非静压模型模拟结果。对比结果显示在测点 1 和 2 处两个模型都给出了比较准确的模拟值,即使测点 2 处波面已

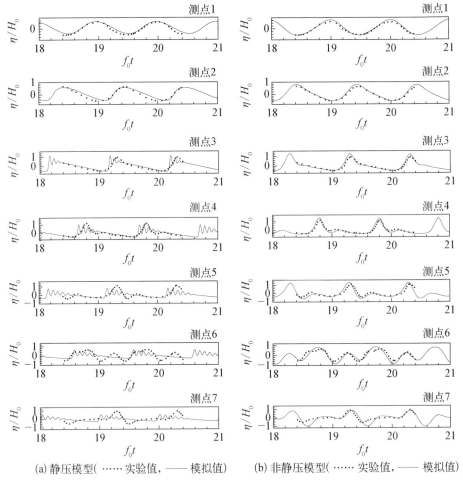

(a) 静压模型(······实验值,——模拟值)　　(b) 非静压模型(······实验值,——模拟值)

图 4.3 - 8　测点水位验证

经由于潜坝的影响而开始变形。分析测点 3~7 处的模拟值与实测值的对比,两个模型的模拟结果相差较大。非静压模型的模拟结果与实验值较吻合,静压模型已不再适用。

　　非色散波模拟可采用静压假定模型,即浅水方程描述,而色散波模拟则需要摒弃静压假定,采用非静压模型。本例模拟结果显示非色散入射水波在传播演化的过程中,水深条件在变化,波动的色散性也随之而变。如果所采用的数值模型可随波动色散性的变化而自动在静压和非静压两个模式之间转换,仅从计算效率角度而言会得到一定的提高,但需要仔细设计以解决计算软件及处理模式转换可能带来的数值扰动。

4.3.4　地形陡变条件下带自由表面流动的模拟

前文关于静压模型和非静压模型的理论分析,参考了水波流场的压强计算表达式的描述,即静压与动压两部分构成整体压强。若不限于水波运动,从更一般的流体动力学角度分析两类模型成立的理论基础,可知流体垂向速度和垂向加速度是否远小于相应的水平向流动变量是静压与非静压模型划分的力学基础。带自由表面水流垂向运动增强的影响因素除表面波动作用外,局部地形陡变也是常见的影响因素。以下设计陡变地形条件下的水流运动算例验证非静压模型的适用性。

沙丘地形在河道、河口、海岸带是常见的地貌形态,采用数值模拟的方法研究该地形条件下的流动及泥沙等的物质输运,需要精确模拟诸如局部流动分离、再附着过程等情况。静压模型在河道、河口、海岸等水域有着广泛的应用,但对于沙丘局部精细化的模拟能力需要考核,非静压模型的适用性需要进行严格的验证。

采用沙丘地形条件下流动的物理模型实验作为数值模型的验证依据,考核静压模型和非静压模型的有效性及模拟精度。Balachandar et al. (2002)开展了系列的实验研究,其实验数据常被用于数值模型的验证。相关实验在水槽中布设了 22 个几何形状相同的沙丘地形,并在第 17 个局部沙丘水域内做了精细的流动变量测量。实际物理过程中,沿程水流的湍流运动逐渐发展,最终达到稳定状态。实验测量选择在第 17 个局部沙丘水域,该范围内水流运动已充分发展。本节数值模拟仅设定单一沙丘地形,通过模拟相同水力条件下(入流条件、水深条件等)的明渠流动,待流动充分发展后,提取湍流场信息用作本算例的入流边界条件。采用充分发展的流场数据做入流计算边界条件,可有效地缩短计算域,提高模拟效率。

沙丘地形的几何参数如图 4.3-9 所示,计算域在沙丘前设置 5λ (λ 为沙丘波长)的入口段,在沙丘后设置 20λ 作为出流段。以自由来流流速和水深值作为特征量,计算得到雷诺数 $Re = 5.7 \times 10^4$,相应的弗劳德数 $Fr = 0.44$。水平面内的计算网格 $\Delta x = 2.5\,\mathrm{mm}$,无量纲的垂向计算网格近底面约为 $z^+ = 1.6$。本算例的垂向计算网格分辨率的设定满足无滑移的固壁边界条件。垂向计算网格的分辨率并非常数,而是自床面向自由表面以 1.15 的比率增加。入流边界条件给定定常流量及涡黏性系数,其中入流流量及涡黏性系数通过平底水槽在相同的计算条件下的水流模拟得到,即保证入流边界条件包含充分发展的湍流场流动信息。出流边界设定为定常的水位值,同时采用弱辐射条件以有效降低数值波动

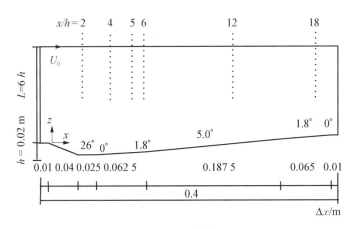

图 4.3‑9 实验布置图

的反射。沿程布设了 6 个与实验位置一致的观测点(见图 4.3‑9),记录定点处的流动变量信息,用以借助实验测量数据验证数值模型。

该算例的计算条件大体上可视为带自由表面的明渠定常流动,但局部地形存在陡变,静压和非静压模型的适用性可通过对比分析获知。分别运行静压模型和非静压模型,比较两个模型的模拟结果。对于平底水域流动的数值模拟,结果显示两个模型给出了近乎一致的计算结果,但在沙丘局部范围内,两个模型分别模拟得到了显著不同的流场结构。图 4.3‑10 绘出了稳定状态下水流流过沙丘后的流场结构,以流线图示之。模拟结果清晰地显示出静压模型模拟得到的流场中的流线几乎沿床面延伸,未发生流动分离现象;而非静压模型模拟得到的流场结构显示了清晰的分离流动,在沙丘后形成了定常的环流场。在该算例的水力条件下,静压模型对于局部的分离流动的模拟失效,而非静压模型显著提高了模拟精度,模型的适用性得以验证。

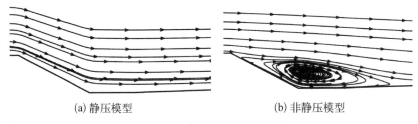

(a) 静压模型   (b) 非静压模型

图 4.3‑10 沙丘局部流线分布

记录 6 个测点的流场数据(流速),并与实验测量值对比分析,如图 4.3‑11 所示。对于测点位置 $x/h < 12$,静压模型和非静压模型的模拟结果的明显差异

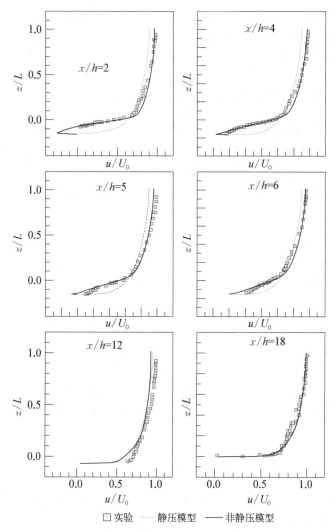

图 4.3 - 11　各测点水平流速垂向分布比较

发生在近床面的范围,即 $-0.2 < z/L < 0.1$ 内。非静压模型给出了较优的模拟结果,准确预测了沙丘后的流动分离和再附着流动,而静压模型的数值模拟结果失真。对于测点 $x/h = 12, 18$ 处的流场模拟,两个模型均给出了较好的模拟结果。后两个测点处的地形变化较缓,静压假定近似成立,静压模型可满足一定的模拟精度要求。

　　该算例虽然自由表面不存在大的波动,但由于局部地形的陡变,局部水域的水流运动不再遵循静压假定条件,静压模型失效。相比较而言,非静压模型突破了静压假定的限制条件,可适用于局部地形陡变条件下的水流运动模拟。如果将静压模型和非静压模型耦合,自动判断不同模块的切换,则有望扩展大尺度带自由表面水流运动数值模拟的工程应用。如何界定静压模型和非静压模型适用的地形坡度条件尚需进一步的研究工作。

4.3.5　孤立波绕方柱的波面演化

静压模型的假定条件是流场压强符合静压分布,垂向加速度远小于重力加速度。非静压模型突破了静压假定条件,对于大变形的自由表面波动或地形陡变条件下的明渠流动均可获得较好的模拟结果。除此之外,若地形仍保持平坦,但存在结构物的影响,静压假定的流动条件是否成立,需要通过与非静压模型的比较获知。设计一孤立波绕方形直立柱的模拟算例,分别运行静压模型和非静压模型,对比分析两个模型的适用性。

采用 KdV 方程的解作为孤立波的入射条件,在计算域(数值水槽)中部布置方形柱体,对比分析静压模型和非静压模型所模拟的自由表面波形。图 4.3 - 12 为不同时刻两个模型模拟的波面演化过程,左侧为静压模型的模拟结果,右侧为非静压模型模拟的结果。仅从波面的模拟而言,静压模型模拟的孤立波波面自与柱体接触伊始就发生了不同于非静压模型模拟的结果。在绕方柱演化的过程中,波面的差异越来越显著。前文已经对静压模型和非静压模型的有效性和模拟精度做了系列对比分析,可推断本算例中非静压模型的模拟结果更加合理。数值模拟水流与结构物的相互作用,局部静压假定带来较大误差,宜采用非静压数值模型。

4.3.6　弯曲河道环流的模拟验证

静压模型在地表水流运动的模拟中应用广泛,多数针对较缓的地形变化。当局部地形陡变时,静压模型需要被非静压模型所取代。对于地形较缓,但是河道弯曲的水流运动,静压模型和非静压模型的适用性如何,则需要通过对比分析获知。弯曲河道的河床起伏,弯道处产生明显的二次流动,二次环流场有明显的垂向流动,静压假定是否成立需做进一步分析。

选取某处弯曲河流,如图 4.3 - 13 所示,其几何尺度示于图上,图的灰度表示水深。河道弯曲段(断面 2—断面 7)的角度 $\alpha = 150°$,弧长 $S_m = 760$ m。 入口处实测流量 $Q = 7.5$ m³/s,出口设定定常水位值。该段河道中心段床沙的中值粒径约为 1.2 mm,内侧河道床沙中值粒径约为 0.2 mm,外侧床沙较粗,约为 8 mm,可作为参考设定床面阻力系数。

针对上述设定的计算条件,分别运行静压模型和非静压模型,对比分析两个

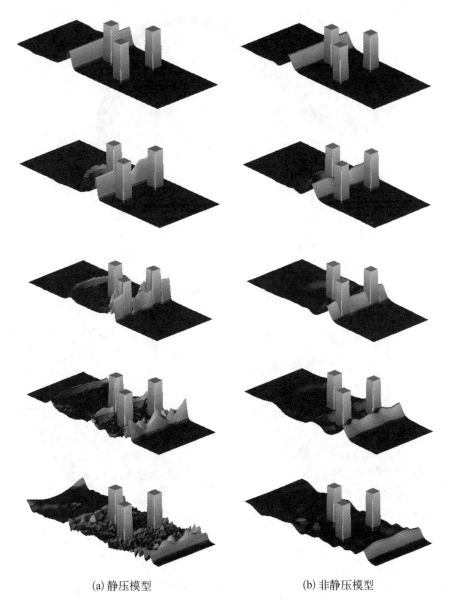

(a) 静压模型　　　　　　　　(b) 非静压模型

图 4.3-12　孤立波绕方柱的演化验证

模型的模拟结果。于上游弯曲河道外侧（凹岸）近河岸处布置观测起始点，绘制瞬时的流线图[见图 4.3-14(a)]。模拟结果显示流线沿流向逐渐偏转至内侧河岸处，且部分流线自床面延伸至近水面处。于上游近河底处布置观测起始点，瞬时流线显示水质点流动逐渐偏至水面[见图 4.3-14(b)]。弯曲河道水流运动的

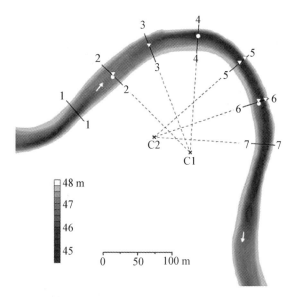

图 4.3 - 12 弯曲河流地貌特征

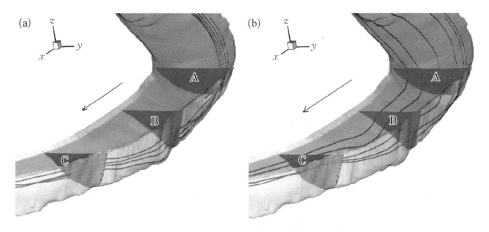

图 4.3 - 14 沿河道的流线分布

流线自上游向下游延伸过程中呈螺旋式结构(见图 4.3 - 14),其河道横断面内形成明显的二次环流(见图 4.3 - 15)。本次模拟分析显示静压模型和非静压模型均描绘出了弯道处的二次环流场结构。

　　分析图 4.3 - 14 所示的流场中的流线分布和图 4.3 - 15 所示的横断面内的流场结构,可定性地检验静压模型和非静压模型的适用性,但是两个模型的模拟精度需要进一步的量化比较分析。利用现场实测资料,验证数值模型的模拟精度。测量位置见图 4.3 - 13 所示的各测量断面,于每一个断面内布设

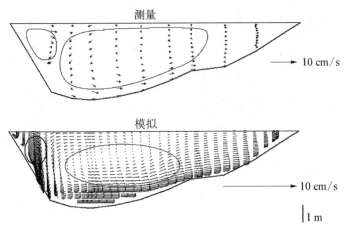

图 4.3－15　横断面内的二次环流场

了若干条垂向测量线,采集了流速的垂向分布。数值模拟结果与实测值的比较如图4.3－16所示。结果显示静压模型和非静压模型在该计算条件下获得的模拟结果非常相近,仅在局部位置略有差别。实测的地形资料显示该处河道的河床的最大坡度约为 2°,弯曲河道的曲率约为0.015 m^{-1}。该几何约束条件下的水流运动,在一定精度要求下采用静压模型也是可行的。该算例对比结果表明,非静压模型对数值模拟精度的提高甚微。但其仅限于当前的水力条件,若河道曲率增加,横断面内的二次环流增强,模型的适用性如何还需进一步检验。Zeng et al. (2008)采用完全的 RANS 模型模拟了较大曲率的弯道流动,获得了与实验符合较好的模拟结果。非静压模型以其理论基础,应可获得与 RANS 模型等效的模拟结果,但静压模型是否仍旧适用则需要校验。

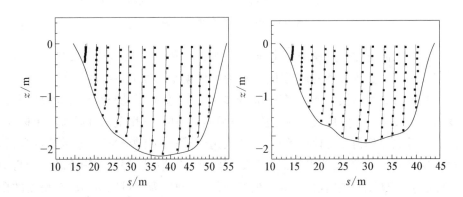

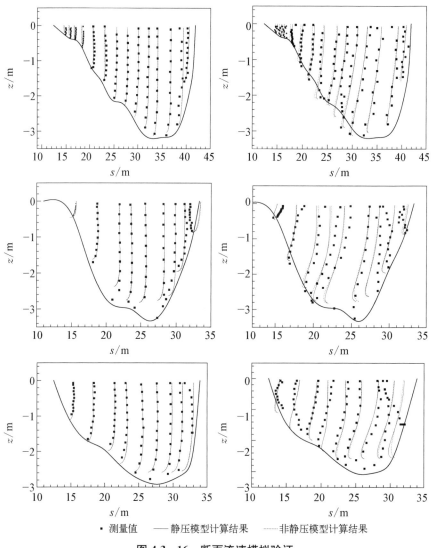

· 测量值 ——静压模型计算结果 ……非静压模型计算结果

图 4.3 – 16 断面流速模拟验证

关于如何量化静压模型和非静压模型之间转化的阈值,还需要借助大量的研究工作来确定各模型的适用条件,以便提供模型选取的指导性信息。

静压与非静压模型理论基础的不同之处在于垂向运动与水平运动尺度及强度的对比关系。非静压模型较之静压模型是完备的,适用范围可涵盖静压模型。但综合考虑计算精度与计算效率,可适当选用某一种计算模型。通过算例分析,对于深水波(色散波)、明渠流但局部地形陡变、水流(波)绕结构物流动等带自由表面水动力过程的数值模拟,静压模型失效,非静压模型可以给出较高精度的模拟结果。对于流线极度弯曲的流动,是否采用非静压模型要视具体的流动条件而定,如水力条件、固壁约束的几何条件等。

采用静压模型模拟带自由表面的地表水流运动,计算效率较高。由于时空尺度通常较大(如江河、河口、大洋水域等),静压模型往往采用较低的计算网格分辨率,从而导致地形坡度的数值均化,不能刻画局部陡变地形,使模拟精度提升效果不明显。对于大尺度地表水流运动的数值模拟,若需要关注局部精细化流场结构,则需要提高局部网格分辨率以反映局部陡变地形。仅在局部计算域运行非静压模型,而其余计算域仍以静压模型进行数值模拟,可建立静压-非静压混合模型,是一种精度与效率相结合的技术手段。

第 5 章

非静压模型的不同形式及
数值求解问题分析

非静压模型的数值求解通常采用压强分裂法,即将压强分裂为静压和动压两部分,而模型本质上基于完全三维的纳维-斯托克斯方程(或不同目标尺度下的控制方程 RANS、LES 和 DNS 等)。采用足够精度的时空数值离散格式,可保证模型的模拟精度。非静压模型提出的初衷是拓展静压模型(浅水方程)的应用范围,而静压模型多应用于大尺度的带自由表面的地表水流运动,如海岸带的波浪演化、江河水流等。有学者深入研究了非静压模型的可能形式,力求最大限度地降低计算量,以适应相应的应用需求,既满足大尺度模拟的高效性,又保持一定的模拟精度。本章对非静压模型的不同形式及涉及的若干问题做了进一步梳理,包括垂向分层数的影响、动压求解效率、破碎波模拟等具体问题。

5.1 垂向不同分层数的非静压模型

5.1.1 垂向的多层模型

研究表明非静压模型的模拟精度依赖于动压的求解,沿水深方向的网格分辨率对数值解的精度影响较大。Reeuwijk(2002)讨论了垂向分层数及垂向网格分辨率对深水波模拟精度的影响,给出了垂向网格分辨率设计的经验公式。图 5.1-1 显示了随着垂向网格分辨率的增加,非静压模型计算得到的波速与解析解的误差逐渐减小。针对垂向均匀分层网格,考察图中的组合变量 $kd(\Delta\sigma)^2$,由模拟精度限制条件 $kd(\Delta\sigma)^2 \leqslant 1$,可知网格数 n 需要满足 $kd \leqslant n^2$。若采用非均匀的垂向网格分辨率,垂向的分层数可以有所降低。

Stelling 和 Zijlema(2003)、Zijlema 和 Stelling(2005)建立了垂向多层的非静压模型,并讨论了垂向分层数对解的精度的影响。该模型在垂向上仍采用笛卡儿坐标,故随着自由表面的波动,水平某位置点处的垂向网格数会发生变化。该模型模拟精度的保证很大程度上来源于对垂向动量方程的数值离散格式。采

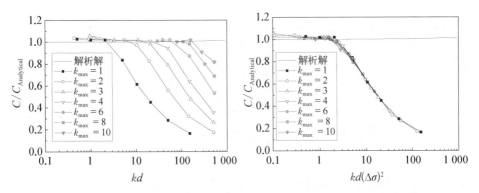

图 5.1 - 1　垂向网格分辨率验证［数据来自 Reeuwijk（2002），重新绘制］

用 Keller-box 的数值格式离散垂向动量方程，该格式被证明在减少垂向分层数的同时仍保持模拟精度是有效的。以下简述该数值模型的建立。

对于压强的分解，采用通常的分裂方式，即将压强分裂为静压和动压两部分，即：

$$p = g(\zeta - z) + q = p_h + p_n \tag{5.1-1}$$

式中，ζ 为水位函数值，$q(p_n)$ 为动压。坐标系原点设在静水面处，垂直向上为 z 坐标的正向。为简化分析，忽略黏性项，同时仅考虑垂直平面内的二维问题，即水平 x 坐标和垂向 z 坐标构成的空间内的两维立面模型（2DV），如图 5.1 - 2 所示。

控制方程包括连续性方程和动量方程。连续性方程为

$$\frac{\partial u}{\partial x} + \frac{\partial w}{\partial z} = 0 \tag{5.1-2}$$

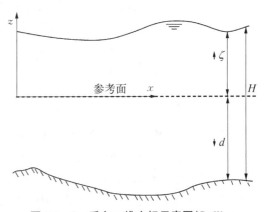

图 5.1 - 2　垂向二维坐标示意图（Stelling 和 Zijlema，2003）

动量方程为

$$\frac{\partial u}{\partial t} + u\frac{\partial u}{\partial x} + w\frac{\partial u}{\partial z} = -g\frac{\partial \zeta}{\partial x} - \frac{\partial q}{\partial x}$$

$$\frac{\partial w}{\partial t} + u\frac{\partial w}{\partial x} + w\frac{\partial w}{\partial z} = -\frac{\partial q}{\partial x} \tag{5.1-3}$$

引入静压条件下的压强关系式：$\dfrac{\partial p_h}{\partial z} = -g$

建立合理的边界条件，其中运动学边界条件为

$$w\mid_{z=\zeta} = \frac{\partial \zeta}{\partial t} + u\,\frac{\partial \zeta}{\partial x}$$

$$w\mid_{z=-d} = -u\,\frac{\partial h}{\partial x}$$

(5.1-4)

对于自由表面的捕捉，若通过计算水位函数 $\zeta(x, y)$ 得到，则需要进一步建立水位函数所满足的控制方程。对连续性方程式(5.1-2)进行水深积分，并引用莱布尼茨积分定理，同时考虑运动学边界条件式(5.1-4)，最终可获得水位函数 $\zeta(x, y)$ 所满足的控制方程：

$$\frac{\partial \zeta}{\partial t} + \frac{\partial}{\partial x}\int_{-d}^{\zeta} u\,\mathrm{d}z = 0$$

(5.1-5)

式(5.1-2)、式(5.1-3)和式(5.1-5)组成的方程组共含有四个未知量，即 (u, w, ζ, p_n)，方程组封闭。动压的边界条件描述如下。

自由表面边界条件：$q\mid_{z=\zeta} = 0$；

床面固壁边界条件：$\left.\dfrac{\partial q}{\partial z}\right|_{z=-d} = 0$；

侧壁（固壁）边界条件：$\left.\dfrac{\partial q}{\partial n}\right|_{x=x_{\mathrm{solid}}} = 0$，其中 n 为固壁的外法向方向；

通常在入流和出流边界处设定：$q\mid_{\mathrm{inlet, outlet}} = 0$。

Stelling 和 Zijlema(2003)模型的数值求解并不在 σ 坐标系下进行，而是仍保持在原笛卡儿坐标系下进行，所以床面出现"台阶式"分布。自由表面上下波动时，垂向网格数处于变动中。模型中变量布置方式采用交错方式，流速变量布置在各个面的中心处，动压与垂向速度布置在同一点处。图 5.1-3 给出了计算网格和变量布置形式，计算网格为结构化的均匀网格。若考虑三维模型，则水平流速 u 和 v 布置在单元面的中心点处。垂向流速 w 布置在单元上下面的中心点处，同时动压强也布置在相同点处。流动变量的交错布置通常是指流速变量与压强变量布置在不同点，可有效避免棋盘格式(checker-board)的数值问题。但此处动压与垂向速度布置在同一点，其为构造 Keller-box 数值格式所需。

该数值模型的构造中虽然垂向网格分层数一致，但各水平单元所对应的垂向水柱的分层数可能不一致（水深不同），垂向坐标满足如下关系：

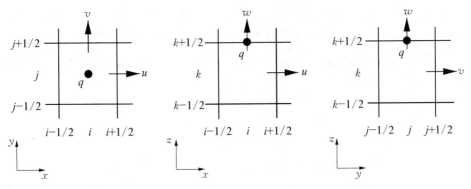

图 5.1-3　交错式变量布置(Stelling 和 Zijlema,2003)

$$\{z_{k-1/2} \mid k = 1, 2, \cdots, K+1$$
$$\bigwedge \forall (x, y): z_{1/2} \leqslant -d(x, y) \leqslant \zeta(x, y, t) \leqslant z_{K+1/2}\} \qquad (5.1-6)$$

垂向网格的高度由下式计算得到:

$$\Delta z_k^n = \min[\zeta_{i,j}^n, z_{k+1/2}] - \max[-d_{i,j}, z_{k-1/2}] \qquad (5.1-7)$$

上式包括垂向仅分一层的情况,即: $z_{1/2} \leqslant -d(x, y) \leqslant \zeta(x, y, t) \leqslant z_{3/2}$

针对垂向多层结构,数值离散水平动量方程为

$$\frac{u_{i+1/2, j, k}^{n+1} - u_{i+1/2, j, k}^n}{\Delta t} + u_{i+1/2, j, k}^n (L_x u^n)_{i+1/2, j, k} + \overline{w_{i+1/2, j, k}^n}^{xz} (L_z u^n)_{i+1/2, j, k} +$$

$$g \frac{\zeta_{i+1, j, k}^n - \zeta_{i, j, k}^n}{\Delta x} + \frac{q_{i+1, j, k+1/2}^{n+1} - q_{i, j, k+1/2}^{n+1} + q_{i+1, j, k-1/2}^{n+1} - q_{i, j, k-1/2}^{n+1}}{2\Delta x} = 0$$

$$(5.1-8)$$

式中,静压梯度以显格式离散,动压梯度的计算取当前网格上下表面计算值的平均值。$\overline{w}^{xz}$ 表示取单元上下表面位置计算值的平均值,L_x 和 L_z 分别表示 x 和 z 方向的空间离散算子。

垂向动量方程的离散采用 Keller-box 离散格式,该数值离散格式被证明是垂向分层数减少情况下模拟精度得以保证的关键技术措施。相应的离散方程式为

$$\frac{w_{i, j, k+1/2}^{n+1} - w_{i, j, k+1/2}^n + w_{i, j, k-1/2}^{n+1} - w_{i, j, k-1/2}^n}{2\Delta t}$$

$$+ \frac{1}{2} \left[\overline{u_{i, j, k+1/2}^n}^{zx} (L_x w^n)_{i, j, k+1/2} + \overline{u_{i, j, k-1/2}^n}^{zx} (L_x w^n)_{i, j, k-1/2} \right] \qquad (5.1-9)$$

$$+ \frac{q_{i, j, k+1/2}^{n+1} - q_{i, j, k-1/2}^{n+1}}{\Delta z_k^n} = 0$$

式中,各个运算符号代表的含义同上。上式表明虽然垂向流速布置在单元上下表面中点处,但垂向动量方程的数值离散针对的空间位置是单元格心点。式(5.1-9)含有两个速度未知量,即 $w_{i,j,k+1/2}^{n+1}$ 和 $w_{i,j,k-1/2}^{n+1}$,无法直接整理得到流速与动压的显示关系式。考虑床面边界条件:

$$
\begin{aligned}
w_{i,j,k_{\mathrm{bottom}}}^{n+1} = &-\max(0, u_{i-1/2,j,k_{\mathrm{bottom}}}^{n+1})\, \frac{d_{i,j} - d_{i-1,j}}{\Delta x} \\
&-\min(0, u_{i+1/2,j,k_{\mathrm{bottom}}}^{n+1})\, \frac{d_{i+1,j} - d_{i,j}}{\Delta x} \\
&-\max(0, v_{i,j-1/2,k_{\mathrm{bottom}}}^{n+1})\, \frac{d_{i,j} - d_{i,j-1}}{\Delta y} \\
&-\min(0, v_{i,j+1/2,k_{\mathrm{bottom}}}^{n+1})\, \frac{d_{i,j+1} - d_{i,j}}{\Delta y}
\end{aligned}
\tag{5.1-10}
$$

可由式(5.1-9)从床面向自由表面递推计算 $w_{i,j,k+1/2}^{n+1}$。

上述离散的动量方程含有未知的动压变量,将式(5.1-8)和式(5.1-9)代入离散的连续性方程式:

$$
\frac{u_{i+1/2,j,k}^{n+1} - u_{i-1/2,j,k}^{n+1}}{\Delta x} + \frac{w_{i,j,k+1/2}^{n+1} - w_{i,j,k-1/2}^{n+1}}{\Delta z_k^n} = 0
\tag{5.1-11}
$$

得到动压满足的离散形式的泊松方程,进一步数值求解动压值。

将计算得到的动压代入离散方程式(5.1-8)和式(5.1-9),得到 $n+1$ 时刻的流速变量。$n+1$ 时刻的水位函数值由离散方程式(5.1-12)计算得到:

$$
\frac{\zeta_{i,j}^{n+1} - \zeta_{i,j}^{n}}{\Delta t} + \frac{H_{i+1/2}^{n} U_{i+1/2}^{n+1} - H_{i-1/2}^{n} U_{i-1/2}^{n+1}}{\Delta x} = 0
\tag{5.1-12}
$$

垂向笛卡儿计算网格对于不规则的床面和变动的自由表面的模拟精度有所降低,相关模型经常采用 σ 坐标变换实现自由表面和不规则床面的模拟。Marcel et al.(2005)建立了自由表面时时拟合的计算模型,但不同于 σ 坐标变换,垂向仍采用笛卡儿坐标。Marcel et al.(2005)将垂向计算域分为若干层,层高随总水深的时空变化而变,但层高占比保持不变。控制方程在每一层的垂向高度内积分,得到各层内的水平二维模型,其形式类似于水深积分模型。垂向实为动网格,在时间步进的过程中,计算网格点垂向变动,流速应做插值计算。但鉴于水深积分的模型描述的是水层内流速的均值,所以并没有执行严格的流动变量的垂向插值。该垂向多层的水平二维数值模型(也可称为2.5维模型)简述如下:

$$\frac{\partial h_k u_k}{\partial x} - u\,\frac{\partial z}{\partial x}\Big|_{z_{k-1/2}}^{z_{k+1/2}} + w_{k+1/2} - w_{k-1/2} = 0 \qquad (5.1-13)$$

$$\frac{\partial h_k u_k}{\partial t} + \frac{\partial h_k u_k^2}{\partial x} + \bar{u}_{k+1/2}^{z}\omega_{k+1/2} - \bar{u}_{k-1/2}^{z}\omega_{k-1/2}$$
$$+ g h_k\,\frac{\partial \zeta}{\partial x} + \frac{\partial h_k \bar{q}_k^z}{\partial x} - q_{k+1/2}\,\frac{\partial z_{k+1/2}}{\partial x} + q_{k-1/2}\,\frac{\partial z_{k-1/2}}{\partial x} = 0 \qquad (5.1-14)$$

$$\frac{\partial h_{k+1/2} w_{k+1/2}}{\partial t} + \frac{\partial h_{k+1/2}\,\bar{u}_{k+1/2}^z w_{k+1/2}}{\partial x} + \bar{w}_{k+1}^z\bar{\omega}_{k+1}^z$$
$$- \bar{w}_k^z\bar{\omega}_k^z + \int_{z_k}^{z_{k+1}}\frac{\partial q}{\partial z}\mathrm{d}z = 0 \qquad (5.1-15)$$

上述各离散表达式中出现了位于各层交界面($k\pm1/2$)处的流速变量,可通过相邻两层内的流速变量插值计算得到。

上述模型的垂向分层界面随时间上下变动,定义新的速度变量为

$$\omega_{k+1/2} = w(z_{k+1/2}) - \frac{\partial z_{k+1/2}}{\partial t} - u(z_{k+1/2})\,\frac{\partial z_{k+1/2}}{\partial x} \qquad (5.1-16)$$

5.1.2　水深积分的单层模型

上述模型严格意义上属于垂向二维模型(补充 y 向流动成为三维模型),单层模型和两层模型仅做垂向分层数的相应设定即可实现。研究表明垂向分层数的减少对于模拟精度具有一定的影响。

垂向仅做一层剖分,即 $z_{1/2}\leqslant-d(x,y)\leqslant\zeta(x,y,t)\leqslant z_{3/2}$,因为自由表面处的动压边界条件为 $q=0$,对于动压项的相关计算需要特殊处理。

首先将动量方程垂向积分,以 x 向动量方程为例,表达式如下:

$$\frac{\partial U}{\partial t} + U\,\frac{\partial U}{\partial x} + g\,\frac{\partial \zeta}{\partial x} + \frac{1}{H}\int_{-d}^{\zeta}\frac{\partial q}{\partial x}\mathrm{d}z = 0 \qquad (5.1-17)$$

其中,U 为水深平均流速,动压梯度的水深积分值需要做特殊处理。应用莱布尼茨积分定理,动压梯度的水深积分为

$$\int_{-d}^{\zeta}\frac{\partial q}{\partial x}\mathrm{d}z = \frac{\partial}{\partial x}\int_{-d}^{\zeta}q\mathrm{d}z - q\Big|_{z=-d}\frac{\partial d}{\partial x} \qquad (5.1-18)$$

式(5.1-18)利用了已知的动压自由表面条件 $q_\zeta=0$。其中动压的水深积分计算

若近似采用梯形数值积分方法,则表达式为

$$\int_{-d}^{\zeta} q\,\mathrm{d}z \approx \frac{1}{2}H(q\mid_{z=\zeta}+q\mid_{z=-d})=\frac{1}{2}Hq\Big|_{z=-d} \qquad (5.1-19)$$

表达式(5.1-18)可进一步演化为

$$\int_{-d}^{\zeta} \frac{\partial q}{\partial x}\,\mathrm{d}z = \frac{1}{2}H\,\frac{\partial q\mid_{z=-d}}{\partial x}+\frac{1}{2}q\Big|_{z=-d}\frac{\partial(\zeta-d)}{\partial x} \qquad (5.1-20)$$

式(5.1-20)中仅床面处的动压值未知,从而将控制方程汇总如下:

$$\frac{\partial U}{\partial t}+U\frac{\partial U}{\partial x}+g\frac{\partial \zeta}{\partial x}+\frac{1}{2}\frac{\partial q}{\partial x}+\frac{1}{2}\frac{q}{H}\frac{\partial(\zeta-d)}{\partial x}=0 \qquad (5.1-21)$$

$$\frac{\partial W}{\partial t}+U\frac{\partial W}{\partial x}-\frac{q}{H}=0 \qquad (5.1-22)$$

$$\frac{\partial \zeta}{\partial t}+\frac{\partial(UH)}{\partial x}=0 \qquad (5.1-23)$$

上述三个控制方程含有四个未知量,即 U、W、q、ζ,需要补充另一个控制方程,从而达到方程组封闭的定解条件。将连续性方程沿水深积分,得到如下表达式:

$$\int_{-d}^{\zeta} \frac{\partial u}{\partial x}\,\mathrm{d}z+w\Big|_{z=\zeta}-w\Big|_{z=-d}=0 \qquad (5.1-24)$$

同样借助莱布尼茨积分定理,并引入水深平均流速 U,式(5.1-24)进一步演化为

$$\frac{\partial(HU)}{\partial x}-u\Big|_{z=\zeta}\frac{\partial \zeta}{\partial x}-u\Big|_{z=-d}\frac{\partial d}{\partial x}+w\Big|_{z=\zeta}-w\Big|_{z=-d}=0 \qquad (5.1-25)$$

上式进一步可近似为

$$H\frac{\partial U}{\partial x}+w\Big|_{z=\zeta}-w\Big|_{z=-d}=0 \qquad (5.1-26)$$

式(5.1-21)、式(5.1-22)、式(5.1-23)和式(5.1-26)构成了水深积分的平面一维(二维)流动控制方程组。采用适当的数值方法求解上述控制方程组,其中垂向动量方程的数值离散采用 Kellor-box 格式,表达如下:

$$
\frac{w^{n+1}_{i,\,k_{\text{top}}} - w^n_{i,\,k_{\text{top}}} + w^{n+1}_{i,\,k_{\text{bottom}}} - w^n_{i,\,k_{\text{bottom}}}}{2\Delta t}
$$

$$
+ \frac{1}{2}\,\overline{u^n_i}^{\,x}\,\big[(L_x w^n)_{i,\,k_{\text{top}}} + (L_x w^n)_{i,\,k_{\text{bottom}}}\big] - \frac{q^{n+1}_i}{H^n_i} = 0 \tag{5.1-27}
$$

与前文所述多层模型类似，式（5.1-27）中含有两个未知量：$w^{n+1}_{i,\,k_{\text{top}}}$ 和 $w^{n+1}_{i,\,k_{\text{bottom}}}$，借助底部边界条件消去变量 $w^{n+1}_{i,\,k_{\text{bottom}}}$，底部边界条件为

$$
w^{n+1}_{i,\,k_{\text{bottom}}} = -\max(0,\,U^{n+1}_{i-1/2})\,\frac{d_i - d_{i-1}}{\Delta x}
$$

$$
-\min(0,\,U^{n+1}_{i+1/2})\,\frac{d_{i+1} - d_i}{\Delta x} \tag{5.1-28}
$$

数值离散水平向的动量方程为

$$
\frac{U^{n+1}_{i+1/2} - U^n_{i+1/2}}{\Delta t} + U^n_{i+1/2}\,(L_x U^n)_{i+1/2} + g\,\frac{\zeta^n_{i+1} - \zeta^n_i}{\Delta x}
$$

$$
+ \frac{q^{n+1}_{i+1} - q^{n+1}_i}{2\Delta x} + \frac{\overline{q^{n+1}}^{\,x}}{H^n_{i+1/2}}\,\frac{\zeta^n_{i+1} - \zeta^n_i - d_{i+1} + d_i}{2\Delta x} = 0 \tag{5.1-29}
$$

数值离散连续性方程为

$$
H^n_i\,\frac{U^{n+1}_{i+1/2} - U^{n+1}_{i-1/2}}{\Delta x} + w^{n+1}_{i,\,k_{\text{top}}} - w^{n+1}_{i,\,k_{\text{bottom}}} = 0 \tag{5.1-30}
$$

将水平向、垂向离散后的动量方程式（5.1-27）和式（5.1-29）代入离散的连续性方程式（5.1-30），得到关于动压的控制方程，求解动压场，进而更新计算 $n+1$ 时刻的流场变量，即流速、水位函数等。

非静压模型的模拟精度一定程度上依赖于垂向网格分辨率，体现在分层的网格结构系统下为垂向的分层数。图 5.1-4 引用了针对驻波的数值模拟结果，分别采用水深一层模型和两层模型，以此验证垂向分层数对模拟精度的影响，其计算条件如下。

计算域：$B = 20$ m；

水深：$h = 10$ m；

波幅：$a = 0.1$ m；

初始水位函数：$\zeta = a\cos\left(\dfrac{\pi x}{10}\right),\ 0 \leqslant x \leqslant 20$；

线性色散关系：$c = \dfrac{\omega}{k} = \sqrt{\dfrac{g}{k}\tanh(kh)}$；

相对水深：$kh = \pi > 1$，该波动条件表明波动具有较强的色散性。

图 5.1 - 4 的模拟结果显示两层模型对该驻波的模拟获得了较高的精度，而一层模型模拟精度较低。采用一层模型计算得到的波周期大于理论结果，波速显著降低。对比结果显示一层模型对波动色散效应的模拟精度小于两层模型。可推测随着 kh 的增加，误差将逐渐增加。减小 kh 值，波动的色散效应逐渐减弱，一层模型的模拟精度将有所提高，模型最终近似为非色散的浅水方程。

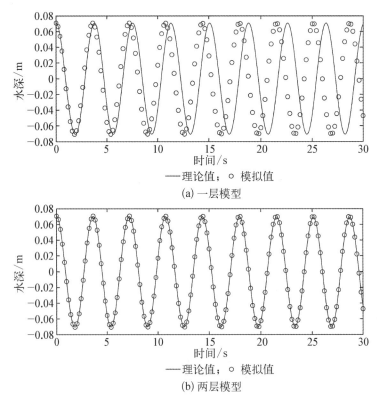

图 5.1 - 4　多层模型模拟精度比较 (Stelling 和 Zijlema, 2003)

5.1.3　水深积分的垂向两层模型

上节所述的 Stelling 和 Zijlema(2003)的两层模型本质上属于多层模型框架，仅在数值求解过程中垂向划分为两层计算网格，可视为数值上的两层模型。Bai et al. (2012)建立了以水深平均流速为变量的水深积分两层模型，可视为数学描述上的两层模型。以下简述该两层模型,可对比多层模型,进一步明确其差异性所在。

两层模型在水深范围内划分为两层,两层的分界位置可依据一定的水深比例设定(见图 5.1-5),分界位置可通过下式计算得到:

$$z_\alpha = \zeta - \alpha h, \ \alpha \in [0, 1] \qquad (5.1-31)$$

其中,ζ 为水位函数,h 为总水深,d 为静水深,满足 $h = \zeta + d$,α 为上层水体深度与总水深的比例系数。当 $\alpha = 0$ 时,分界面与自由表面重合;当 $\alpha = 1$ 时,分界面与床面重合;当 $\alpha = 0.5$ 时,总水深等分为上下两层。

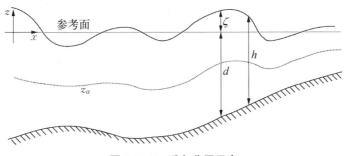

图 5.1-5 垂向分层示意

将控制方程式(5.1-2)和式(5.1-3)改写为守恒形式,守恒形式便于垂向积分运算,同时适宜采用有限体积法进行数值求解,表达式如下:

$$\frac{\partial u}{\partial x} + \frac{\partial w}{\partial z} = 0 \qquad (5.1-32)$$

$$\frac{\partial u}{\partial t} + \frac{\partial u^2}{\partial x} + \frac{\partial uw}{\partial z} + g\frac{\partial \zeta}{\partial x} + \frac{\partial q}{\partial x} = 0 \qquad (5.1-33)$$

$$\frac{\partial w}{\partial t} + \frac{\partial uw}{\partial x} + \frac{\partial w^2}{\partial z} + \frac{\partial q}{\partial z} = 0 \qquad (5.1-34)$$

自由表面和床面边界条件表示如下:

$$w\Big|_\zeta = \frac{\partial \zeta}{\partial t} + u\Big|_\zeta \frac{\partial \zeta}{\partial x}, \ w\Big|_{-d} = -u\Big|_{-d} \frac{\partial d}{\partial x}, \ q\big|_{z=\zeta} = 0 \quad (5.1-35)$$

下层水体的层号标注为"1",即从床面至 z_α 处;上层水体的层号标注为"2",即自 z_α 至自由表面。将控制方程沿水深积分,并利用莱布尼茨积分定理,同时引入自由表面和床面的边界条件,可分别获得针对两层水体的控制方程。对于下层

水体,控制方程为

$$\frac{\partial h_1 u_1}{\partial x} - u_{z_a} \frac{\partial z_a}{\partial x} + w_{z_a} = 0 \tag{5.1-36}$$

$$\frac{\partial h_1 u_1}{\partial t} + \frac{\partial h_1 u_1^2}{\partial x} + g h_1 \frac{\partial \zeta}{\partial x} + \frac{\partial}{\partial x} \int_{-d}^{z_a} q \, dz - q_{z_a} \frac{\partial z_a}{\partial x} - q_d \frac{\partial d}{\partial x}$$

$$= -\frac{\partial}{\partial x} \int_{-d}^{z_a} (u - u_1)^2 \, dz$$

$$\tag{5.1-37}$$

$$\frac{\partial h_1 w_1}{\partial t} + \frac{\partial h_1 u_1 w_1}{\partial x} + q_{z_a} - q_d = 0 \tag{5.1-38}$$

上述下层水体的控制方程为一维模型(可拓展至平面二维),流速变量为该层水体的水深平均值。对于上层水体,控制方程表达如下:

$$\frac{\partial h_2 u_2}{\partial x} + \frac{\partial \zeta}{\partial x} + u_{z_a} \frac{\partial z_a}{\partial x} - w_{z_a} = 0 \tag{5.1-39}$$

$$\frac{\partial h_2 u_2}{\partial t} + \frac{\partial h_2 u_2^2}{\partial x} + g h_2 \frac{\partial \zeta}{\partial x} + \frac{\partial}{\partial x} \int_{z_a}^{\zeta} q \, dz + q_{z_a} \frac{\partial z_a}{\partial x}$$

$$= -\frac{\partial}{\partial x} \int_{z_a}^{\zeta} (u - u_2)^2 \, dz \tag{5.1-40}$$

$$\frac{\partial h_2 w_2}{\partial t} + \frac{\partial h_2 u_2 w_2}{\partial x} - q_{z_a} = 0 \tag{5.1-41}$$

分析上述独立的两层水体的控制方程组,6 个方程共含有 11 个变量,即:u_1,u_{z_a},w_1,w_{z_a},q_1,q_{z_a},q_d,u_2,w_2,q_2,ζ。其中,q_1 和 q_2 代表各层内具有垂向分布的动压值,用以计算控制方程中的 $\int q \, dz$。对于动压的积分计算,若采用梯形积分,则 q_1、q_2 可进一步表达为 q_{z_a}、q_d 的函数,未知量个数减至 9 个。界面速度 u_{z_a} 和 w_{z_a} 以两层速度的均值代替,未知量进一步减至 7 个。补充满足水位函数的控制方程:

$$\frac{\partial \zeta}{\partial t} + \frac{\partial (h_1 u_1 + h_2 u_2)}{\partial x} = 0 \tag{5.1-42}$$

至此两层水体模型的控制方程组封闭(7 个控制方程、7 个未知变量),可借助适当的数值方法进行求解。

Bai et al. (2012)进一步改写了上述两层模型,提高了其数值求解过程的稳定性。该两层模型定义了水深的平均流速变量,同时引入了流速修正量。借助引入的流速修正模式描述两流体层内流速垂向分布的不均匀性。将水深的平均流动变量和流动变量的修正量作为待求解的未知量,建立封闭的控制方程组,进而数值求解。在上述两层模型的基础上,引入总水深的平均流速 (u,w),其与各分层内的平均流速 $(u_{1,2},w_{1,2})$ 的关系表达如下:

$$hu = h_1 u_1 + h_2 u_2 \qquad (5.1-43)$$

$$hw = h_1 w_1 + h_2 w_2 \qquad (5.1-44)$$

$$h\Delta u = h_1 u_1 - h_2 u_2 \qquad (5.1-45)$$

$$h\Delta w = h_1 w_1 - h_2 w_2 \qquad (5.1-46)$$

其中定义了新的流动变量 Δu 和 Δw。上述关系式(5.1-43)～式(5.1-46)适用于任意分层比例的情况,其中上下两层水体等分最为简单,相应的流速变量满足关系式(5.1-47)～式(5.1-50):

$$u = \frac{u_1 + u_2}{2} \qquad (5.1-47)$$

$$\Delta u = \frac{u_1 - u_2}{2} \qquad (5.1-48)$$

$$w = \frac{w_1 + w_2}{2} \qquad (5.1-49)$$

$$\Delta w = \frac{w_1 - w_2}{2} \qquad (5.1-50)$$

控制方程中动压的水深积分计算若采用梯形数值积分,则计算表达如下:

$$\int_{-d}^{\zeta} q\,\mathrm{d}z \approx h_1 \frac{1}{2}(q_{z_a} + q_{-d}) + h_2 \frac{1}{2} q_{z_a} \qquad (5.1-51)$$

式中,q_{z_a} 为上下水层分界面处的动压值。将式(5.1-47)～式(5.1-51)代入式(5.1-36)～式(5.1-41),推导得到如下的控制方程:

$$\frac{\partial \zeta}{\partial t} + \frac{\partial hu}{\partial x} = 0 \qquad (5.1-52)$$

$$\frac{\partial hu}{\partial t}+\frac{\partial(hu^2+h\Delta u^2)}{\partial x}+gh\frac{\partial\zeta}{\partial x}+\frac{1}{2}\frac{\partial hq_{z_a}}{\partial x} \tag{5.1-53}$$

$$+\frac{1}{4}\frac{\partial hq_d}{\partial x}-q_d\frac{\partial d}{\partial x}=0$$

$$\frac{\partial hw}{\partial t}+\frac{\partial(huw+h\Delta u\Delta w)}{\partial x}-q_d=0 \tag{5.1-54}$$

式(5.1-52)~式(5.1-54)为水深平均单层模型,但与单层模型式(5.1-21)~式(5.1-23)比较,显含了未知的流速修正量 Δu、Δw 和分界面处的动压值 q_{z_a}。流动变量修正量的控制方程如下:

$$\frac{\partial\zeta}{\partial t}-\frac{\partial h\Delta u}{\partial x}+u\frac{\partial(\zeta-d)}{\partial x}-2w_{z_a}=0 \tag{5.1-55}$$

$$\frac{\partial h\Delta u}{\partial t}+2\frac{\partial hu\Delta u}{\partial x}+\frac{1}{4}\frac{\partial hq_d}{\partial x}-q_{z_a}\frac{\partial(\zeta-d)}{\partial x}-q_d\frac{\partial d}{\partial x}=0 \tag{5.1-56}$$

$$\frac{\partial h\Delta w}{\partial t}+\frac{1}{4}\frac{\partial(hu\Delta w+h\Delta uw)}{\partial x}+2q_{z_a}-q_d=0 \tag{5.1-57}$$

上述两组控制方程共包括 6 个方程、8 个未知量(即 u,Δu,w,Δw,q_z,q_d,w_z,ζ)。补充水深积分的连续性方程:

$$\frac{\partial hu}{\partial x}+w_\zeta-w_{-d}=u_\zeta\frac{\partial\zeta}{\partial x}+u_{-d}\frac{\partial d}{\partial x} \tag{5.1-58}$$

等号右侧两项是由莱布尼茨积分过程引入的,若近似取流速 $u=u_\zeta=u_{-d}$,则式(5.1-58)可近似为:

$$h\frac{\partial u}{\partial x}+w_\zeta-w_{-d}=0 \tag{5.1-59}$$

进一步考虑自由表面和床面处的边界条件:

$$w\big|_\zeta=\frac{\partial\zeta}{\partial t}+u\big|_\zeta\frac{\partial\zeta}{\partial x},\ w\big|_{-d}=-u\big|_{-d}\frac{\partial d}{\partial x} \tag{5.1-60}$$

满足水位函数的控制方程 $\frac{\partial\zeta}{\partial t}-\frac{\partial h\Delta u}{\partial x}+u\frac{\partial(\zeta-d)}{\partial x}-2w_{z_a}=0$ 可近似为

$$-\frac{\partial h\Delta u}{\partial x}+w_\zeta-2w_{z_a}+w_{-d}=0 \tag{5.1-61}$$

控制方程式(5.1-52)～式(5.1-57)、式(5.1-59)和式(5.1-61)组成了封闭方程组,可进一步采用适当的数值方法求解。

上述模型所描述的波动色散关系经推导,表达如下:

$$c^2 = \frac{gd\left(1 + \frac{1}{16}k^2 d\right)}{1 + \frac{3}{8}k^2 d^2 + \frac{1}{256}k^4 d^4} \tag{5.1-62}$$

数值结果显示在 $0 < kd < 11$ 的应用范围内,与线性水波的色散关系式的误差控制在 5% 内。

该两层模型可视为单层模型的修正,而相关研究表明水深积分的单层模型仅实现了色散性的较低阶模拟(Stelling 和 Zijlema,2003)。经过对单层模型的修正,可视为补充了描述波动色散性的计算模式,故可提升模型对于色散水波的模拟能力。

对于水深非等分的两层模型,分层比例不同,对波动色散性的模拟精度不同(Cui et al.,2014)。Nwogu(1993)和 Wei et al.(1995)发展的 Boussinesq 水波模型,通过以某一水深处的流速作为变量,针对流动垂向分布不均匀性引入模式化的描述方法,提高了模型对波动色散性的模拟能力,两者具有类似的建模思想。

5.2　动压场的数值求解

非静压模型的数值求解较静压模型占用的计算资源显著增加,主要源于动压所满足的泊松方程的数值求解。上文所述的单层或两层模型,虽然同样需要求解动压所满足的离散型控制方程组,但方程组的规模大大减小,计算消耗显著降低。单层或两层模型对于流动变量垂向分布较均匀的流动可以得到较好的模拟效果,但当需要精细化模拟沿水深变化较复杂的流场时,很难提高模拟精度。流场的垂向分布较复杂时,需要较高的垂向分辨率,如水下地形变化剧烈、局部射流、绕结构物流动等情况。提高垂向的网格分辨率,同时最大限度地减少计算消耗,则需要发展高效的数值求解技术用以求解动压场。

5.2.1　垂向网格粗化的动压求解方法

动压求解的最大计算消耗源于泊松方程的数值求解,而大型代数方程组的计算耗时随着其维数的增加而增加。减少方程组维数,即采用粗化的计算网格,可降低计算耗时。Reeuwijk(2002)建立了基于有限差分法的非静压模型,并分别探讨了垂向 z 坐标和垂向 σ 坐标系下的相应数学模型。对于动压的数值求解,在保持流速垂向分布的模拟精度的同时,以降低动压场求解的计算消耗为目标,Reeuwijk(2002)提出了将动量方程与动压方程分别在两个不同的计算网格系统下进行数值求解的方法。该方法的主要思想在于将动压的数值求解在垂向粗化后的计算网格内完成,以达到降低离散的动压控制方程组维数的目的。

图 5.2 - 1 绘出了几种不同的垂向网格粗化形式,其中原始计算网格用于流场计算。变量布置采用交错格式,但动压变量并不布置在格心,而是布置在与垂向速度 w 相同的计算网格点处,即计算单元的上下表面中点处。关于动压的布置位置,并不限于如此的布置方式。动压变量的此种布置方式适于采用诸如 Keller-box 等的数值离散格式,如前文所述。如图 5.2 - 1(a)所示的计算网格对应于流场计算和动压计算均采用相同的垂向计算网格分辨率,视为标准的动压求解计算模式。图 5.2 - 1(b)给出了垂向 2 倍粗化后的计算网格,其中流场计算网格保持不变,但动压计算网格将两个流场计算网格合并为一个计算单元。相应的图 5.2 - 1(c)为垂向计算网格 4 倍粗化后的计算单元关系及相应的计算变量布置形式。动压计算网格的粗化并不限于图 5.2 - 1 所示的网格,可以采用任意比例的网格粗化过程,最终目的是将流场计算与动压计算在两套不同分辨率的计算网格体系内完成,以此降低动压所满足的泊松方程组的维数。

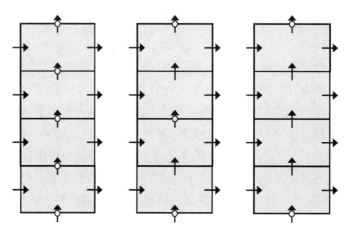

(a) 原始的计算网格　(b) 2 倍粗化后的计算网格　(c) 4 倍粗化后计算网格

○压力作用点；　→水平流速；　↑垂向流速

图 5.2 - 1　垂向粗化动压求解的计算网格(Reeuwijk, 2002)

分析非静压模型的数值求解过程,即将动压作用下的流速变量代入连续性方程,最终形成动压满足的控制方程,数值求解动压后再代回动量方程以更新流速变量。动压场与速度场时时耦合,若将动压场的求解在粗化后的计算网格内完成,则首先需要将细网格下的动量方程垂向积分,从而获得粗化网格内相应的动压控制方程。其本质上是在两套不同分辨率的计算网格之间对变量做插值计算。

本节仅简要介绍该方法实现的关键技术,详细内容可进一步参考相关文献。为便于说明,引用相关文献的计算变量表示法(Reeuwijk,2002),如图 5.2-2 所示。图 5.2-3 为粗化后的计算单元及相应的变量布置形式,其中动量方程求解的计算单元为四层,动压场求解的计算单元为两层。动压场求解所采用的计算网格的垂向分层数以 $j_{\max}$ 表示,动量方程求解所采用的计算网格的垂向分层数以 $k_{\max}$ 表示。数组 $kup(j)$ 和 $jup(k)$ 用于存储两套网格系统之间计算单元的相互索引关系。

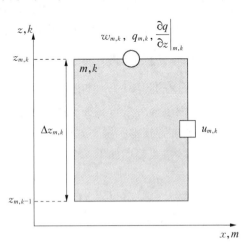

图 5.2-2　计算单元及变量布置

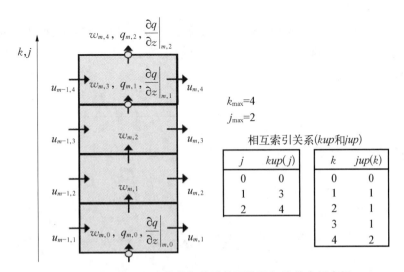

图 5.2-3　动压场求解的粗化计算网格及相应的变量布置

仅以水平动量方程为例,简要阐述垂向网格粗化后的动压场的数值求解过程。水平动量方程的离散形式如下:

$$\frac{u_{m,k}^{n+1} - u_{m,k}^n}{\Delta t} + ADV(u)_{m,k}^n + g\frac{\zeta_{m+1}^n - \zeta_m^n}{\Delta x}$$

$$+ \frac{1}{2}\frac{(q_{m+1,k}^{n+1} + q_{m+1,k-1}^{n+1}) - (q_{m,k}^{n+1} + q_{m,k-1}^{n+1})}{\Delta x} = 0 \tag{5.2-1}$$

式中,m 和 k 分别为 x 和 z 坐标方向的计算网格单元编号(见图 5.2-3)。

动压场的求解在粗化网格内完成,首先将控制方程式(5.2-1)在某一动压求解层内垂向积分,即 $\int_{z_{m,kup(j-1)+1/2}}^{z_{m,kup(j)+1/2}} \varphi dz$,其离散形式为:$\sum_{k=kup(j-1)+1}^{kup(j)} \varphi_{m,k}$。上述动量方程中的各项均分别在动压计算层 j 内做垂向积分或将相应的离散值数值求和,详细过程可参考相关文献。现仅对动压项的计算做进一步的说明,以阐明该方法的关键技术手段。式(5.2-1)左端最后一项(关于动压的运算)在垂向上积分,离散格式表达如下:

$$\frac{1}{\Delta x}\sum_{k=kup(j-1)+1}^{kup(j)} [h_{m+1,k}(q_{m+1,k}^{n+1} + q_{m+1,k-1}^{n+1}) - h_{m,k}(q_{m,k}^{n+1} + q_{m,k-1}^{n+1})]$$

$$\tag{5.2-2}$$

表达式(5.2-2)是将各动量方程求解层内的平均变量 q_k 做垂向的数值求和,对应于垂向连续分布的变量 $q(z)_k$ 的垂向积分,即 $\int_{z_{m,kup(j-1)+1/2}}^{z_{m,kup(j)+1/2}} q dz$ 的某种近似计算。变量 $q(z)_k$ 的垂向分布以不同分布函数来描述,近似精度将有所不同。假设动压场在动压方程计算单元内垂向为线性分布,上述积分可采用中值积分定理完成,表达式如下:

$$\int_{z_{m,kup(j-1)+1/2}}^{z_{m,kup(j)+1/2}} q dz = \Delta z \frac{q_{kup(j)+1/2} + q_{kup(j-1)+1/2}}{2} \tag{5.2-3}$$

相应的式(5.2-2)可计算如下:

$$\frac{1}{\Delta x}\sum_{k=kup(j-1)+1}^{kup(j)} [h_{m+1,k}(q_{m+1,k}^{n+1} + q_{m+1,k-1}^{n+1}) - h_{m,k}(q_{m,k}^{n+1} + q_{m,k-1}^{n+1})]$$

$$\tag{5.2-4}$$

$$= \frac{H_{m+1,j}(q_{m+1,j} + q_{m+1,j-1}) - H_{m,j}(q_{m,j} + q_{m,j-1})}{2\Delta x}$$

式中,$H_{,j} = z_{,kup(j)+1/2} - z_{,kup(j-1)+1/2}$。至此,得到了粗化后的计算网格系统内的

水平动量方程。垂向动量方程和连续性方程可同理获得,最终得到粗化后的计算网格系统内求解动压的离散代数方程组,数值求解得到动压值,再进一步更新流速变量。

分析上述求解过程,将动量方程在动压场计算单元的 j 层内做垂向积分,计算的显式表达式依赖于动压在该计算单元内的垂向分布。不同的分布形式将会得到不同的计算结果。Reeuwijk(2002)分别构造了不同阶数的样条曲线用以描述动压的垂向分布,对比分析了各种预设的动压垂向分布形式对模拟精度的影响。

垂向计算网格粗化后的动压求解方法降低了离散化的动压控制方程组的维数,使得计算量降低。网格粗化程度及动压预设的垂向分布形式对模拟精度有着一定的影响。Reeuwijk(2002)针对深水波,采用相同分辨率的计算网格求解动量方程,但采用不同分辨率的粗化网格和不同的动压分布函数求解动压场,对比分析了粗化网格分辨率和动压预设分布函数两个主要因素对于数值模拟精度的影响。研究结果显示,相比动压垂向分布形式,粗化网格分辨率的影响较为显著。

预设动压垂向满足样条函数分布,要求函数分段单调,即在动压计算的 j 层内需要满足这一条件。当垂向动压计算网格精度足够高时,该条件易于满足。对于平坦地形条件下的水波,这一条件也容易满足。但当地形变化剧烈或局部流动复杂,如水下射流等,简单样条函数较难满足这一限制条件。可以通过垂向细化计算网格,使得函数满足局部单调性。但研究也显示,当动量方程与动压场的计算网格一致时,该方法计算量不降反升。

Reeuwijk(2002)的方法通过减少动压计算的垂向分层数,降低了离散化的泊松方程组的维数,从而降低了计算消耗。以寻求降低离散化的动压方程组维数为目标,Cui et al. (2014)通过将多层模型的底层控制方程简化,同样降低了方程组维数。Cui et al. (2014)在水深积分的一层模型和两层模型中实施了相关的计算方法,在保持精度的基础上获得了计算效率上的提升。但该方法仅限于在多层模型的近底处两层内简化相关数学描述,随着层数的增加,计算效率的提高有限。

5.2.2　动压场离散化控制方程组的数值求解

非静压模型的计算消耗显著增加,计算耗时的 50% 以上来自离散后的泊松方程的数值求解。降低非静压模型数值求解的计算消耗,除了上文所述降低离散化的控制方程组维数这一技术手段外,还需要提高大型代数方程组的数值求解效率。对于大型稀疏代数方程组,通常采用迭代法求解,如共轭梯度法(BICGSTAB)、高斯-赛德尔迭代法(Gauss‐Seidel)、雅可比迭代法(Jocabi)等方程组的数值求解方法。

稀疏型代数方程组的迭代法求解的收敛速度与系数矩阵的谱分布有关。系数矩阵的谱分布越集中,收敛速度越快;而当谱分布较分散时,收敛速度较慢,甚至不收敛。对原线性代数方程组采用预处理技术是提高迭代法收敛速度的有效途径。常用的预处理技术有矩阵分裂、不完全分解等方法,常见于各种代数方程组数值求解的书籍及文献。

非静压模型的提出始于静压浅水方程的拓展,其主要应用于带自由表面的大尺度水流运动的数值模拟。这类流动的一大显著特征是运动的水平尺度远大于运动的垂向尺度,与之相应,数值模拟所采用的水平计算网格的尺度通常远大于垂向计算网格的尺度。针对这一类应用场景,Fringer et al. (2006)建立了非静压海洋流动模型,通过分析动压场求解的离散化方程组,采用了一种针对系数矩阵的预处理技术,提高了数值求解方程组的收敛速度。

将离散化的代数方程组表示如下:

$$L(q_{i,k}) = R_{i,k}^{*} \tag{5.2-5}$$

式中,L 为离散后的动压场求解的算子,$R_{i,k}^{*}$ 为方程组的右端已知项,$q_{i,k}$ 为单元编号为(i,k)处的待求变量值。进一步将式(5.2-5)改写为矩阵表达形式:

$$\boldsymbol{M}_i \boldsymbol{q}_i - \sum_{m=1}^{N_s} \left[\frac{\mathrm{d}f_m}{D_m} (\Delta Z_m \boldsymbol{e}_1^{\mathrm{T}}) q_{N_{em}} \right] = -\boldsymbol{S}_i^{*} \tag{5.2-6}$$

式中,$\boldsymbol{M}_i$ 是对称的三对角阵;$\boldsymbol{q}_i = [q_{i,k-1}, q_{i,k}, q_{i,k+1}]^{\mathrm{T}}$;$N_s$ 为组成单元(i,k)的垂直侧面总数;$q_{N_{em}}$ 为单元(i,k)在水平层内的邻单元格心处的变量值;ΔZ_m 为单元(i,k)的第 m 个侧面的垂直高度;D_m 为单元(i,k)格心与第 m 侧面邻单元格心之距离,可用以表征当前计算单元的水平网格尺度;$\boldsymbol{S}_i^{*}$ 为方程右端项。式(5.2-6)取自 Fringer et al. (2006)发表的文章,其中的变量均与其模型相关,并不具有唯一性。

回顾前述章节有关的数值离散方法,可给出关于动压满足的代数方程组,其系数矩阵与式(5.2-6)会有所不同。虽然采用不同的数值方法,得到不同的系数矩阵,但其中各系数的性质及特征是相似的。将系数矩阵按式(5.2-6)进行剖分,所得到的各剖分的系数矩阵具有明显的特征。其中,矩阵 $\boldsymbol{M}_i$ 具有三对角的形式,系数 $\sum_{m=1}^{N_s} [\mathrm{d}f_m (\Delta Z_m \boldsymbol{e}_1^{\mathrm{T}}) q_{N_{em}} / D_m]$ 中含有体现网格尺度相对大小的系数

$\Delta Z_m/D_m$。 对于通常的大尺度带自由表面水流运动的数值模拟,所采用的计算网格尺度通常满足 $\varepsilon_g = \Delta Z_m/D_m \ll 1$,此时方程式(5.2-6)可简化为

$$\overline{\boldsymbol{M}}_i\boldsymbol{q}_i = -\boldsymbol{S}_i^* \qquad (5.2-7)$$

将方程式(5.2-6)的系数矩阵进行预处理,表达形式如下:

$$\overline{\boldsymbol{M}}_i^{-1}\boldsymbol{M}_i\boldsymbol{q}_i - \sum_{m=1}^{N_s} \frac{\mathrm{d}f_m}{D_m}\overline{\boldsymbol{M}}_i^{-1}(\Delta Z_m \boldsymbol{e}_1^{\mathrm{T}})q_{N_{em}} = -\overline{\boldsymbol{M}}_i^{-1}S_i^* \qquad (5.2-8)$$

对于式(5.2-8),当 $\varepsilon_g = \Delta Z_m/D_m \ll 1$ 时,$\overline{\boldsymbol{M}}_i^{-1}\boldsymbol{M}_i \approx \boldsymbol{I}$,则得到:

$$\boldsymbol{q}_i = -\overline{\boldsymbol{M}}_i^{-1}\boldsymbol{S}_i^* \qquad (5.2-9)$$

数值求解系数矩阵预处理后的代数方程式(5.2-8)的收敛速度加快。上述预处理方法对迭代过程的收敛有显著提升,但需要注意一点,对水平计算网格和垂向计算网格尺度相当的情况,加速效果不显著。网格分辨率的设定与所描述的运动尺度直接相关,需要准确捕捉相应的特征尺度。海洋流动模拟通常采用的计算网格尺度可满足上述方法的应用限制条件。

海洋流动所固有的水平与垂直运动尺度的差异性表现在对应的控制方程中,即相关的数学运算可依据时空尺度做近似计算。Scotti et al.(2008)提出了一种近似求解椭圆型方程的方法。该方法针对不同坐标轴方向运动尺度的差异,采用基于小参数的摄动展开,进而迭代求解。考察非静压模型中动压场所满足的泊松方程,其在数学性质上属于椭圆型方程。结合非静压模型的提出及应用对象,水平运动尺度与垂向运动尺度存在一定的差异性,故 Scotti et al.(2008)提出的计算方法可在保持一定精度的基础上提高求解效率。Scotti et al.(2008)提出的方法可视为 Fringer et al.(2006)提出的预处理方法的一种理论上的依据。

若将非静压模型应用于水平运动尺度与垂向运动尺度相当的水流运动模拟,上述方法应用的前提条件不再满足,即方程组的系数矩阵更一般化。针对系数矩阵一般性的代数方程组的求解,从提高求解效率的角度而言,发展高效的系数矩阵预处理技术及并行求解技术是行之有效的解决途径。

5.2.3　区域划分的非静压模型数值求解

1. 区域划分方法

非静压模型由于求解动压所带来的计算消耗随着垂向网格分辨率的提高而增加。减少垂向分层数,多层模型退化至两层或单层模型,有助于降低计算耗

时,但同时模拟精度有一定程度的降低。对于平坦地形条件下的自由表面水流运动,降低分层数的可行性很大程度上依赖于动压垂向分布较均匀的特点。当局部地形变化剧烈或局部流动复杂,如水下射流等流动,降低动压场求解的垂向分辨率,对模拟精度影响较显著。

随着非静压模型垂向计算网格分辨率的提高,离散的动压控制方程组(泊松方程)的维数增加,方程求解的耗时显著增加。针对大型的离散化代数方程组的特征,利用高效的预处理技术以改善代数方程组系数矩阵的性质,同时利用高效的并行计算技术,求解大型代数方程组的效率可以得到提高。

无论是降低离散方程组的维数,还是预处理系数矩阵,均着眼于动压满足的泊松方程的数值求解,归结为数学问题。若从流动的物理特征角度分析,可知非静压模型是在静压模型的基础上拓展而成的。对于地表水流运动,浅水方程适用范围很广。将大尺度的计算域根据具体的条件,如底床平整度、自由表面波动的非线性强度及色散强度等,进行区域划分,不同区域分别采用静压模式和非静压模式,但整体计算域可一体化求解。通过区域划分,实质上减少了动压求解的线性代数方程组的维数,从而降低了计算消耗。

计算域划分为静压和非静压两个计算区域,只在非静压区域建立关于动压的离散化线性代数方程组,方程组维数得以降低。针对具体的数值方法及计算网格,为提高计算效率及计算程序的编制,需要将非静压求解域的计算网格连续编号。对于结构化计算网格,可直接实现;对于非结构化网格,则需要重新编排网格序号。一种比较直接的方法是首先将计算域分区间独立划分,生成计算网格后再组装成整体计算网格,可保证非静压区域的计算网格编号连续。

动压满足的泊松方程数学性质上属于椭圆型方程,为边值条件问题。区域划分的思想是只在动压显著的区域采用非静压模式模拟,故可以将两种模式的划分边界选取在静压区域。非静压计算域的边界值可直接赋零值作为边界条件[狄利克雷(Dirichlet)边界条件]。为提高数值计算过程的稳定性,在静压和非静压交界面处设置过渡区。针对离散的动压控制方程 $\mathrm{L}(q_{i,k})=R^{*}_{i,k}$,在过渡区内在右端乘以松弛因子 ω_i,表达如下:

$$\mathrm{L}(q_{i,k})=\omega_i R^{*}_{i,k} \tag{5.2-10}$$

式中,因子 $\omega_i=f(s_i)$,$s_i=|\vec{x}_i-\vec{x}_{\mathrm{hydrostatic}}|/B$,$B$ 为过渡区宽度,$\vec{x}_{\mathrm{hydrostatic}}$ 为过渡区静压边界坐标值。松弛因子用于控制过渡区内方程右端项的光滑性,满足如下条件:

$$f(0)=0, \ f(1)=1 \qquad\qquad (5.2-11)$$

对于动压仅在局部水域较显著的水流运动,如局部地形陡变、水下射流、结构物局部绕流等情况,区域划分可获得较好的模拟效果,显著提升计算效率。

2. 区域划分的非静压模型验证

区域划分方法适合对仅局部区域动压作用较强的水流运动的模拟,以下算例的设计均满足此条件。各算例通过比较计算耗时(即 CPU 耗时),验证该方法的有效性。

1) 沙丘水流

沙丘是一种水下常见的地形,其几何形状简单,流场特征涉及沙丘顶端的流动分离、沙丘谷底处的流动再附着等流动现象。该流动过程显示仅局部动压作用较强,需要采用非静压模型(Zhang et al.,2014;Zhang et al.,2017)。本节采用 Balachandar et al.(2002)的沙丘水流实验作为模型验证算例。该实验设置了一系列的沙丘地形,数值模拟仅针对单独一个沙丘地形,沙丘前、后均设置为平底的明渠条件(见图 5.2-4)。以来流水深平均流速和水深值为特征尺度的雷诺数(Re)为 5.7×10^4,弗劳德数(Fr)为 0.44。采用分区模型模拟该沙丘地形条件下的水流运动,仅将沙丘局部计算域设定为非静压求解模式,如图 5.2-4 所示。

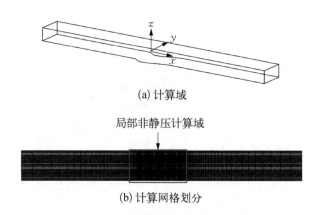

(a) 计算域

局部非静压计算域

(b) 计算网格划分

图 5.2-4　计算域及区域网格划分

分别运行整体非静压模型和分区混合模型,比较两者的计算耗时,结果如表 5.2-1 所示。整体非静压模型的计算耗时作为比较标准(设为 100%),混合模型的计算耗时约为 77%,相应的非静压区域的计算网格占比约为 70%。模拟结果显示动压求解效率的提高有助于模型整体计算效率的提高,从而降低了计算耗时。

表 5.2 - 1 两个模型计算耗时比较

	计算总网格数	非静压区域网格数占比	计算耗时占比
非静压模型	141 750	100%	100%
分区混合模型	141 750	70%	77%

图 5.2 - 5 显示了整体非静压模型和分区混合模型计算的动压值分布，两者高度一致。图 5.2 - 6 显示了整体非静压模型和分区混合模型模拟的局部环流结构，无论环流长度还是中心点位置，两个模型的模拟结果均高度一致。

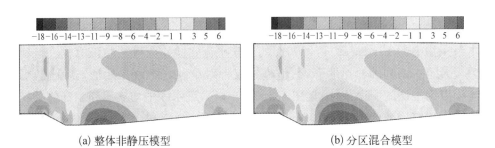

(a) 整体非静压模型   (b) 分区混合模型

图 5.2 - 5 不同模型的动压值分布对比

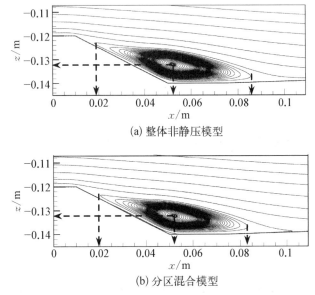

图 5.2 - 6 沙丘局部环流的模拟结果比较

2）平底上孤立波传播

孤立波为单峰波,在传播过程中保持波形不变,而波长范围以外区域基本保持为静水状态。动压仅在孤立波波长范围内控制水流运动,波长以外水域满足静压条件,故采用区域混合模型可有效降低模拟的计算耗时。但对孤立波传播而言,非静压计算模式开启的计算区域需要设定为变动区域,即随孤立波传播而移动。

设定模拟计算域长 1 000 m,静水深为 10 m,初始孤立波波形及流速以解析解给定,如下所示:

$$\zeta = H \sec h^2 \left[\sqrt{\frac{3H}{4h^3}} (x - x_0) \right]$$

$$u = \sqrt{\frac{g(H+h)}{h}} \zeta$$

$$w = \sqrt{3gh} \left(\frac{H}{h} \right)^{3/2} \left(\frac{z}{h} \right) \sec h^2 \left[\sqrt{\frac{3H}{4h^3}} (x - x_0) \right] \tanh \left[\sqrt{\frac{3H}{4h^3}} (x - x_0) \right]$$

$$c = \sqrt{g(H+h)}$$

其中, H 为孤立波波高; h 为静水深; x_0 为初始波峰位置, $x_0 = 200$ m。整体计算域及局部计算网格如图 5.2 - 7 所示,非静压计算域随孤立波传播而移动。

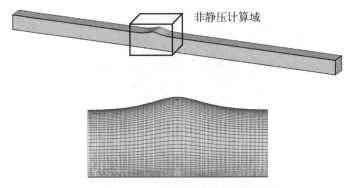

图 5.2 - 7　计算域及计算网格

表 5.2 - 2 汇总了两个模型的计算耗时对比,其中整体非静压模型作为对比标准。分区混合模型所采用的非静压计算网格占比约为 22%,相应的计算耗时

占比约为 51%。统计整体非静压模拟过程中各个数值求解单元的计算耗时,结果显示与动压求解过程(包括控制方程离散、代数方程组求解等)相关联的计算耗时约占 63%。数值模拟的对比结果显示,采用静压模式和非静压模式的分区设定方法,可有效地降低计算耗时,提高计算效率。

表 5.2 - 2　两个模型计算耗时对比

	计算网格总数	非静压计算域网格占比	计算耗时占比
整体非静压模型	234 000	100%	100%
分区混合模型	234 000	22%	51%

图 5.2 - 8 显示了某瞬时动压的计算值,整体非静压模型与分区混合模型计算得到的动压分布高度一致,表明仅在孤立波波长范围内采用非静压模型是合理可行的。通过对不同时刻波形的对比可知,分区混合模型对孤立波传播的模拟精度并未降低(见图 5.2 - 9)。

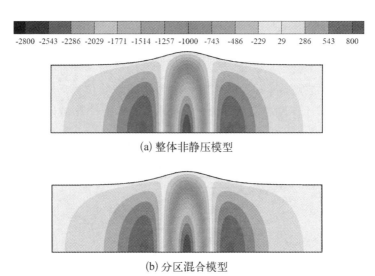

(a) 整体非静压模型

(b) 分区混合模型

图 5.2 - 8　某瞬时动压的计算值比较

5.3　破碎波的数值模拟

5.3.1　简述

海岸带波浪破碎的研究由来已久,观测、实验、数值模拟等技术手段发挥了

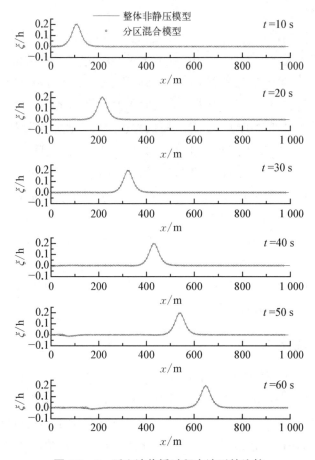

图 5.2 - 9　孤立波传播过程中波形的比较

重要作用。仅对数值模拟而言,捕捉破碎波面涉及气、液两相流动,对数值方法、计算模型提出了较高的要求。目前海岸带波浪破碎的数值模拟存在着模拟精度与计算效率之间的矛盾。

对于大尺度海岸带波浪演化,例如风暴过程的波浪上岸等,鉴于计算硬件及时空尺度的限制,很难精细模拟波浪破碎时局部的水面翻滚、空气掺混等物理过程,VOF、MAC 等直接自由表面捕捉方法难以推广应用。传统的浅水方程,包括 Boussinesq 类模型,通常借助水位函数确定自由表面,即自由表面捕捉的间接法。非静压模型无论是建立在笛卡儿坐标系还是垂向的 σ 坐标系,通常通过计算水位函数捕捉自由表面。对于波浪破碎过程,基于质量守恒方程得到的水位函数不能正确捕捉波面的破碎过程。但若关注破碎波高的沿程演化,不追求局部波面的破碎过程,水位函数法计算效率较高,适于大尺度海岸带内破碎波演化的数值模拟。

采用间接法捕捉自由表面,通常需要借助波浪破碎的模型化方法。例如将涡黏性模型引入浅水方程、Boussinesq 类方程中,通过黏性耗散机制获得波浪破碎的宏观效应,这类方法已得到了广泛的应用。相类似的是一种称为水滚的模型,该方法同样在动量方程中引入了人工涡黏性系数。近年来,发展了有别于动量方程中引入能量耗散机制的破碎波模拟方法。相关研究结果表明波浪破碎形成了流动间断,可类比于水跃,而非线性浅水方程对于这类间断流动的模拟,只要数值格式具有守恒性,就可获得较满意的模拟结果。当波浪演化至破波点时,在波前局部水域将 Boussinesq 方程的色散项关闭,模型自动退化至非线性浅水方程,对于破碎波波高沿程演化的模拟获得了成功。该方法不需要额外的参数化模型,只需在局部区域略去高阶色散项的求解,计算量没有丝毫增加,效率较高,适用于大尺度海岸带波浪破碎演化的数值模拟。用于 Boussinesq 方程的模式分裂法可推广应用于非静压模型,来模拟海岸带的波浪破碎。以下分别简述各种波浪破碎的模式化模拟方法。

5.3.2　滚波模型

基于 Boussinesq 方程,Schäffer et al. (1993)和 Madsen et al. (1997)提出了模拟波浪破碎的滚波(roller)模型。其基本概念是将破碎波视为随波浪运动的一块水体(滚波),输运速度为当地波速。滚波作用于波浪运动的物理机制通过附加的水体应力引入动量方程,从而模式化波浪破碎过程中的动量(能量)演化。

如图 5.3-1 所示,滚波的传播速度为 c_x,流场速度为 u_0(仅考虑沿 x 方向的一维波浪演化),滚波高度为 δ,波面函数为 η,静水深为 h,总水深为 d。一维简化的控制方程为

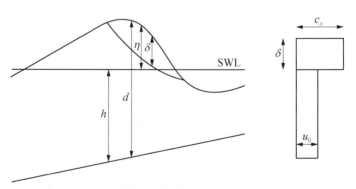

图 5.3-1　滚波模型示意(Madsen et al., 1997)

$$\frac{\partial \eta}{\partial t} + \frac{\partial q_x}{\partial x} = 0 \qquad (5.3-1)$$

$$\frac{\partial q_x}{\partial t} + \frac{\partial (u_0 q_x)}{\partial x} + gd\,\frac{\partial \eta}{\partial x} + \frac{\partial R_x}{\partial x} = 0 \qquad (5.3-2)$$

式中，q_x 为断面体积通量，$q_x = du_0$；R_x 为滚波模式引入的水体附加应力。上述控制方程忽略了流体黏性力等动力因素。Madsen et al. (1997)提出了一种 R_x 的计算表达式，其一维条件下的相应计算式为

$$R_x = \frac{\delta}{1-\delta/d}\left(c_x - \frac{q_x}{d}\right)^2 \qquad (5.3-3)$$

滚波模型的引入用以模式化波浪破碎过程，而非直接模拟波浪破碎。计算中需要合理地确定相关的特征参数。计算参数包括滚波高度 δ，波浪破碎起始时的波面角度 ϕ_B，破波终止时的波面角度 ϕ_0，波速 c_x。Schäffer et al. (1993)和 Madsen et al. (1997)对各个计算参数的取值通过系列算例进行了研究，各参数的取值往往针对某特定的破碎波波型，如溢波型(spilling)、卷波型(plunging)、溃波型(collapsing)和涌波型(surging)。某些滚波参数并非常数，而是具有随时空变化的函数表达式。沿海岸带上溯，在波浪自破碎伊始直至破碎终止的过程中，以波面坡角描述的破波指标并非常数，可以采用如下表达式计算：

$$\tan \phi_r = \tan \phi_0 + (\tan \phi_B - \tan \phi_0)\exp\left[-\ln\left(2\,\frac{t-t_B}{t_{1/2}}\right)\right] \qquad (5.3-4)$$

式中，波浪破碎的临界波面角度 ϕ_r 在初始波面角度 ϕ_B 和破波终止时的波面角度 ϕ_0 之间过渡，$t_{1/2}$ 为滚波演化的特征时间尺度。破波判断标准与波浪破碎的时空演化相关，Andersen et al. (1983)给出了破波带内破碎波波高与局地水深之比随上溯距离而变化的计算表达式，结果表明波浪破碎指标为非恒定值。

滚波模式模拟波浪破碎，可用于描述破碎波波高等的时空演化，计算效率较高。不足之处是模式中的若干参数多需要借助经验公式计算，或借助实测数据拟合。

5.3.3　人工黏性耗散模型(artificial eddy viscosity)

Boussinesq 方程以水位函数描述波面，对于波浪破碎的模拟，需要引入破波模式，如上节所述的滚波模式。Zelt(1991)在 Boussinesq 方程中引入了描述波浪破碎引起的能量损耗的数学描述，称之为人工黏滞项。后续该模式得到了一

定的推广及完善,其中 Kennedy et al.（2000）的模型应用较广。该类方法在动量方程中引入人工黏滞项：

$$\boldsymbol{R}_b = (R_{bx}, R_{by}) \tag{5.3-5}$$

式中，R_{bx} 和 R_{by} 分别对应 x 和 y 方向的人工黏滞应力，计算表达式如下：

$$R_{bx} = \frac{1}{h+\eta}\left(\frac{\partial \tau_{xx}}{\partial x} + \frac{\partial \tau_{xy}}{\partial y}\right) \tag{5.3-6}$$

$$R_{by} = \frac{1}{h+\eta}\left(\frac{\partial \tau_{yx}}{\partial x} + \frac{\partial \tau_{yy}}{\partial y}\right) \tag{5.3-7}$$

$$\tau_{xx} = \nu_t \frac{\partial[(h+\eta)u_0]}{\partial x} \tag{5.3-8}$$

$$\tau_{yy} = \nu_t \frac{\partial[(h+\eta)v_0]}{\partial y} \tag{5.3-9}$$

$$\tau_{xy} = \tau_{yx} = \frac{1}{2}\nu_t\left\{\frac{\partial[(h+\eta)u_0]}{\partial y} + \frac{\partial[(h+\eta)v_0]}{\partial x}\right\} \tag{5.3-10}$$

上式中的 ν_t 称为人工黏性系数，人工黏滞应力的作用类似于湍流运动的雷诺应力。故对于数值模拟而言，仅是修改控制方程中的涡黏性系数，并未增加额外的计算任务，易于实现。涡黏性系数的确定有若干计算模式，其中一种常用的人工黏性系数的计算如下所示：

$$\nu_t = B\delta_b^2(h+\eta) \mid \eta_t \mid \tag{5.3-11}$$

式中，δ_b 为一无量纲量，通常取固定值1.2。系数 B 控制着破波引起的附加黏滞作用的强度，其与波浪破碎状态有关，可由下式计算给出：

$$B = \begin{cases} 1 & \eta_t \geqslant 2\eta_t^* \\ \dfrac{\eta_t}{\eta_t^*} - 1 & \eta_t^* < \eta_t < 2\eta_t^* \\ 0 & \eta_t \leqslant \eta_t^* \end{cases} \tag{5.3-12}$$

式（5.3-12）以水位函数的当地变化率 η_t 作为计算参数，在波形前峰面上，波浪首先发生破碎，此时 η_t 为正值。参数 η_t^* 为破波的临界指标，如前所述，其在波浪破碎演化过程中并非一固定值，可由下式计算得到：

$$\eta_t^* = \begin{cases} \eta_t^{(F)} & t - t_0 \geqslant T^* \\ \eta_t^{(I)} - \dfrac{t - t_0}{T^*}\left[\eta_t^{(I)} - \eta_t^{(F)}\right] & 0 \leqslant t - t_0 < T^* \end{cases} \tag{5.3-13}$$

式中，$\eta_t^{(I)}$ 为破波开始时水位当地变化率的指标，$\eta_t^{(F)}$ 为破波终止时水位当地变化率的指标，T^* 为波浪破碎过程的特征时间尺度。取值建议如下：

$$\eta_t^{(I)} = 0.65\sqrt{gh}，\ \eta_t^{(F)} = 0.15\sqrt{gh}，\ T^* = 5\sqrt{h/g} \tag{5.3-14}$$

上述关于波浪破碎指标的确定，采用的是当地水位的变化率，除此以外，还经常采用流速判别法、波面坡度判别法等。相比较而言，采用水位当地变化率较易实现程序设计，并且相关的研究算例表明其数值计算的稳定性较好。

5.3.4　非静压模型的模式分裂法模拟破碎波

非静压模型将压力分解为静压和动压两部分，数值求解方法通常基于预估-校正法，即采用两步解法。静压作用下的流动变量作为临时变量，离散动量方程概括如下：

$$\frac{\boldsymbol{q}^* - \boldsymbol{q}^n}{\Delta t} = \boldsymbol{B} - gC'\,\boldsymbol{\nabla}\zeta^{n+1} \tag{5.3-15}$$

式中，$\boldsymbol{B}$ 包括显式离散的对流项、黏性项等，C' 为与静压梯度项有关的离散系数。动压的求解以静压作用下的流场变量为基础，离散方程如下：

$$\frac{\boldsymbol{q}^{n+1} - \boldsymbol{q}^*}{\Delta t} = -C''\,\boldsymbol{\nabla}p_n^{n+1} \tag{5.3-16}$$

式中，C'' 为与动压梯度项有关的离散系数，$\boldsymbol{q}^{n+1}$ 为每一计算时步的最终流场变量。最终流场变量需满足质量守恒，将式(5.3-16)代入离散的连续性方程得到动压 p_n^{n+1} 满足的泊松方程，通过双共轭梯度法可有效求解相应的代数方程组。预估-校正法的求解过程可视为两种模型的转换，或称为模式分裂，其计算程序较易由传统的浅水方程计算模型拓展完成。

对于波浪破碎的模拟，研究发现波浪破碎形成了间断，可类比于水跃。非线性浅水方程对这类间断流动的模拟，在采用适当的数值离散格式的基础上可获得满意的模拟结果。Bonneton et al.（2011）和 Tissier et al.（2012）基于 Boussinesq 方程，当波浪演化至破波点时，在波前局部水域将 Boussinesq 方程中的色散项关闭，模型自动退化至非线性浅水方程，对于破碎波波高沿程演化的模拟获得了成功。该方法只需在局部区域略去高阶色散项的求解，效率较高，适用于大尺度海岸带波浪破碎演化的数值模拟。将用于 Boussinesq 方程的这一方法引入非静压模型,对于波浪破碎的数值模拟,仅需在破波水域关闭校正计算步骤中的动压模式求解,即可将模型退化至局部非线性的浅水方程(Zhang et al., 2017)。

采用模式分裂法模拟破碎波浪的时空演化,需要设定波浪破碎指标。前文所述的几种破波指标的计算方法均可采用,以下简介通过波面坡度角确定破波指标的过程。瞬时各个单独波浪前峰波面的最大坡度值为 $\left|\dfrac{\mathrm{d}\zeta}{\mathrm{d}X}\right|$,定义 $\varPhi_b$ 为波浪开始破碎时的波面坡度临界值,$\varPhi_f$ 为破碎波停止进一步破碎时的临界值。确定破波状态:当 $\left|\dfrac{\mathrm{d}\zeta}{\mathrm{d}X}\right| \geqslant \tan\varPhi_b$ 时,波浪开始破碎;当 $\left|\dfrac{\mathrm{d}\zeta}{\mathrm{d}X}\right| \leqslant \tan\varPhi_f$ 时,波浪破

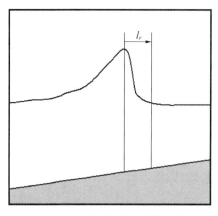

图 5.3 - 2　破碎波的局部波面示意

碎过程停止。当某计算区域内波浪处于破碎状态时,非静压计算模型在该计算区域退化至静压模型,并且设定静压求解区域仅局限在波浪前峰面水域。设定波浪破碎区自波峰向波浪传播方向的水平长度为 l_r(见图 5.3 - 2),关于 l_r 的取值,已有研究给出了合理的范围,通常都具有一定的经验性。考虑到计算网格分辨率的限制,l_r 的最小值可设定为当地计算网格长度尺度的 2 倍,以此避免计算网格尺度过大时(大于 l_r)出现 $l_r = 0$ 的情况。

5.3.5　流动间断捕捉法模拟破碎波

在海岸破波带,波浪在爬坡过程中不断破碎,薄层水体的流动显现出水跃(hydraulic jump)的流动特征。将破碎波的演化以水跃类比,破碎波的数值模拟即可归为流动间断的模拟。对于流动间断的模拟,在计算流体动力学领域一直是个焦点问题。数值模拟发生间断的流动,对于数值格式提出了较高的要求。应用间断捕捉格式求解非线性浅水方程的工作已有很多成果(Alcrudo et al., 1993;Glaister, 1998)。Stelling 和 Duinmeijer(2003)针对非静压模型,建立了可以捕捉流动间断的有限差分格式,其关键点在于构造守恒型的数值格式。这一思想已在有关非静压模型的数值求解中得以应用(Yamazaki et al. 2009;Bai et al., 2012, 2013)。采用可以捕捉流动间断的数值格式模拟破碎波,无须引入

判断波浪破碎指标等的经验计算公式,且无须时时判断模式分裂与否,计算效率较高。针对海岸带大尺度的破碎波浪的演化,计算效率对模型的实际工程应用非常重要。

　　本节介绍的非静压模型,控制方程采用守恒型,数值方法采用有限体积法,数值格式的守恒性可保证数值解的守恒性。流动变量的布置方式采用格心布置的方式,即 C‐C(cell‐center)格式。在基于控制体的有限体积法数值离散过程中,控制面处的变量需要借助适当的插值方法由格心处的变量重构,而这一插值方法引申出不同的数值格式。本节模型采用二阶的 TVD 格式重构及反演控制面处的流通量。数值计算通过控制面的数值通量,需要合理地计算该处的输移速度。将控制面处的流通量的计算分解如下:

$$\langle f(\phi)\rangle^f = \langle \boldsymbol{V}\rangle^f\langle \phi\rangle^f \tag{5.3-17}$$

式中,$\langle f(\phi)\rangle^f$ 为通过控制面的计算通量,$\langle \boldsymbol{V}\rangle^f$ 为控制面处的输移速度,$\langle \phi\rangle^f$ 为控制面处的流动变量。

　　控制面处的输移速度采用迎风格式计算,这也是 Stelling 和 Duinmeijer (2003)间断捕捉格式的关键点。为便于说明,图 5.3‐3 给出了控制面处的变量布置形式及局地迎风方向的设定模式。"U"代表该格心点在控制面的迎风一侧,而"D"代表该格心点在控制面的下风一侧。控制面处的输移速度由式(5.3‐18)计算得到。迎风格式的选取在流动间断的数值模拟中性能表现良好,但理论及应用也表明,迎风格式带来了较大的数值黏性。分析本文的数值格式,控制面处的输移速度虽然采用迎风格式,但界面处的流动变量(或更一般的考察变量)采用了二阶的 TVD 格式,所以界面通量值的构造不会产生较大的数值黏性。除去界面处的输移速度,界面处的水位函数值同样采用迎风格式构造,如式(5.3‐19)所示。

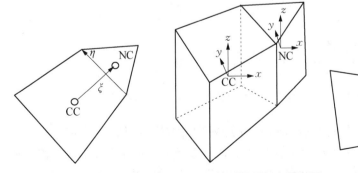

图 5.3‐3　控制面局部变量布置

$$\begin{cases} \langle \boldsymbol{V} \rangle^f = \boldsymbol{V}_U & \dfrac{\boldsymbol{V}_U + \boldsymbol{V}_D}{2} \cdot \boldsymbol{r}_{UD} \geqslant 0 \\[2mm] \langle \boldsymbol{V} \rangle^f = \boldsymbol{V}_D & \dfrac{\boldsymbol{V}_U + \boldsymbol{V}_D}{2} \cdot \boldsymbol{r}_{UD} < 0 \end{cases} \tag{5.3-18}$$

$$\langle \zeta \rangle^f = \zeta_U + \frac{1}{2}(h_U + h_D) \tag{5.3-19}$$

式中，$\langle \ \ \rangle^f$ 代表控制面处的变量，$\boldsymbol{r}_{UD}$ 为由格点"U"指向格点"D"的向量。

5.3.6 非静压模型模拟破碎波的算例验证

以本书所介绍的数值模型为基础，分别采用模式分裂法和流动间断捕捉法实现破碎波的数值模拟。以下简要给出两种模拟方法的验证，选取的算例均有实验资料以供模型验证。基于模式分裂法的模拟结果以 OM 表示，而基于流动间断捕捉法的模拟结果以 UM 表示。

1. 规则波跨越潜堤的破波模拟

验证实验为 Beji et al.（1993）的系列实验之一，该实验是针对规则波越过潜堤过程的波浪演化研究，其详细记录了波面的时间历程。图 5.3-4 绘出了实验装置及测点布置。堤前水深为 0.5 m，入射波频率 $f = 0.4$ Hz，波高 4.4 cm。水平采用均匀计算网格 $\Delta x = \Delta y = 2$ cm，垂向网格近床面第一个网格的无量纲位置为 $3.0z^+$，满足无滑移边界条件的限制。计算时步长 $\Delta t = 0.001$ s。

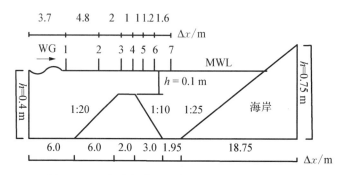

图 5.3-4　实验布置及测点位置（Beji et al., 1993）

入射波在堤前斜坡上逐渐演化，测点 WG1 和 WG2 处几乎无波浪破碎发生，而自测点 WG3～WG5 处波浪发生破碎。至测点 WG6 和 WG7，波浪破碎已经停止（见图 5.3-5）。图 5.3-6 给出了模拟值与实测值的比较。测点

图 5.3-5 瞬时波面

WG1、WG2 和 WG3 的 OM 和 UM 模型的模拟值与实测值均符合较好。测点 WG4 和 WG5 的模拟值显示 OM 模拟值误差较小,UM 高估了破碎波最大波高值。但 UM 模型的局部模拟精度(最大波峰后)优于 OM 模型。对于 WG6、WG7 和 WG8 点,UM 模型对最大波高的模拟值大于 OM 模型,但 UM 模型的局部波面的模拟精度优于 OM 模型。分析两种模型的实现过程,UM 模型实现简单,没有引入任何经验性的计算模式,效率上要优于 OM 模型。

2. 规则波在斜坡上破碎及演化模拟

规则波在斜坡上破碎演化的数值模拟采用 Cox(1995)的实验。该实验坡前水深 $h = 0.4$ m,斜坡坡度为 1:35,入射波相对波高 $H/h = 0.29$,波周期 $T = 2.2$ s。水平采用均匀计算网格 $\Delta x = \Delta y = 2$ cm,垂向第一个近床面网格位置约为 $3.0z^+$,其满足无滑移边界条件的要求。计算时步长 $\Delta t = 0.001$ s。图 5.3-7 给出了实验装置及测点布置,其中测点 L1 和 L2 位于破波点外,L3~L6 位于破波点内。

图 5.3-8 绘出了瞬时波面,显示出破波点向岸一侧的流动具有水跃流动的特征,具有较明显的流动间断。图 5.3-9 分别给出了两个模型的模拟值与实测值的比较。比较结果显示对于非破碎波的模拟,两个模型的模拟值与实测值均符合得较好。UM 模型比 OM 模型给出了较高的破碎波的波高模拟值,与实测值偏差较大。观察测点 L6 的模拟结果与实测值的比较结果,UM 模型对波速的模拟精度略高于 OM 模型。OM 模型通过模式分裂实现了对破碎波的模拟,而模式分裂需要计算分裂起始和结束时刻,破波状态确定的不准确性可能导致波浪传播速度模拟不准确。该算例显示 UM 模型的模拟精度较 OM 模型并没有改善,可考虑局部引入黏性耗散项加以提高模拟精度。

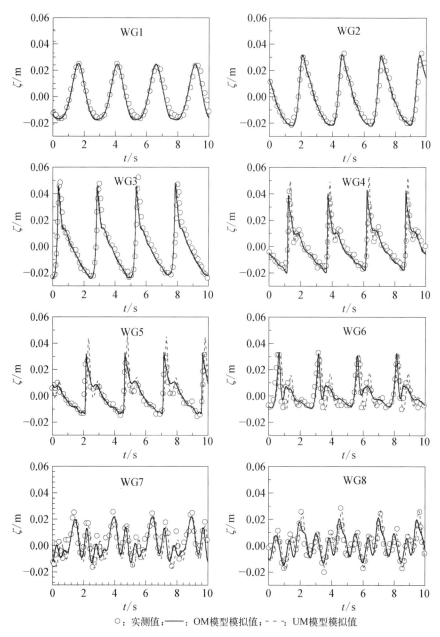

图 5.3 - 6　波面演化的模拟值与实测值比较

3. 孤立波在斜坡上破碎及爬坡模拟

　　孤立波在海岸工程中经常被用来研究大波浪,如海啸波。Synolakis(1987)在物理模型试验中测量了孤立波在斜坡上破碎、演化的过程,该实验测量值可作

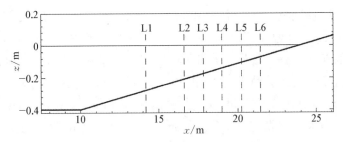

图 5.3 - 7　实验装置和测点布置

图 5.3 - 8　瞬时波面

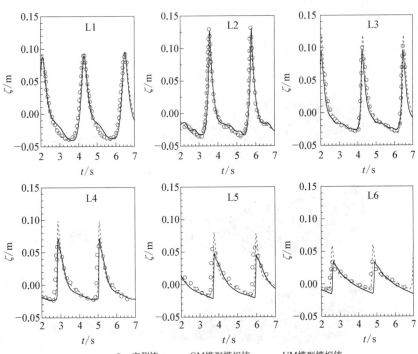

○：实测值；——：OM 模型模拟值；- - -：UM 模型模拟值

图 5.3 - 9　波面演化的模拟值与实测值比较

为本节模型的验证。实验中的相对波高 $A/h = 0.28$，斜坡前水深 $h = 0.3\ \text{m}$。图 5.3 - 10 绘出了实验装置。数值模拟过程中，首先采用基于 KdV 方程给出的孤立波解析解给出模拟的初始条件，包括水位分布、流速分布等。为节省数值模拟的计算消耗，孤立波初始波峰位置设定为堤前 $L/2$，L 值的计算参考 Titov et al. 的工作(1995)。水平计算网格 $\Delta x = \Delta y = 2\ \text{cm}$，垂向计算网格自床面向水面逐渐过渡，近床面第一层网格点的位置满足无滑移条件。计算时步设定为 $\Delta t = 0.001\ \text{s}$。

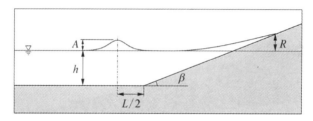

图 5.3 - 10　实验装置(Yamazaki et al., 2009)

图 5.3 - 11 绘出了不同时刻的波面，模拟结果显示孤立波破碎后呈现出明显的水跃特征。设定无量纲的模拟时间 $t^* = t\,(g/h)^{1/2}$，并将每一定间隔的模拟值与实测值比较，如图 5.3 - 12 所示。总体而言两个模型的模拟值均与实测值符合较好。两个模型的模拟结果比较：在时刻 $t\,(g/h)^{1/2} = 10$ 和时刻

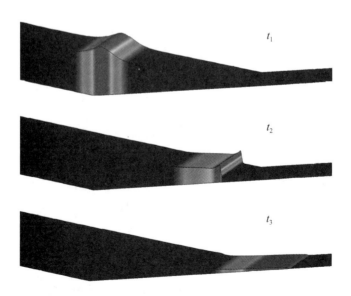

图 5.3 - 11　瞬时波面演化

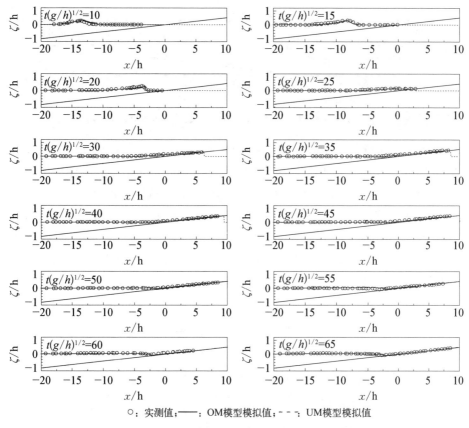

○：实测值；——：OM模型模拟值；- - -：UM模型模拟值

图 5.3 - 12　波面演化的模拟值与实测值比较

$t (g/h)^{1/2} = 15$，两者模拟的波速略有差别；破波发生时刻 $t (g/h)^{1/2} = 20$，两个模型的模拟结果均与实测值符合较好；破碎波爬坡过程的模拟，即时刻 $t (g/h)^{1/2} = 25 \sim 40$，OM 模型模拟的波速略小于实测值，而 UM 模型模拟的水位线运动速度与实测值更加吻合；破碎波回落阶段，即时刻 $t (g/h)^{1/2} = 45 \sim 65$，两个模型的模拟值较一致。对于孤立波破碎、爬坡及回落过程的模拟，斜坡上水深较浅，需要对粗糙度等计算参数的影响进行细致的分析。

4. 孤立波越浪过程模拟

近海岸的海洋灾害中，风暴潮、巨浪、海啸波等对于堤防设施具有很大的威胁性，引起的越堤流造成局部洪水。Hsiao et al. (2010)在物理模型实验中考察了孤立波在斜坡上破碎、演化及越浪的过程，实验在一个 22 m 的水槽中展开，图 5.3 - 13 绘出了实验装置、测点布置及三种实验工况下的静水位值。水平计算网格 $\Delta x = \Delta y = 2$ cm，计算时步长 $\Delta t = 0.001$ s。

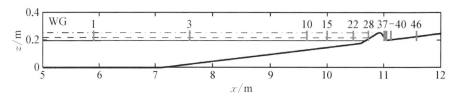

图 5.3 – 13   实验装置及测点(WG)布置(Hsiao et al., 2009)

图 5.3 – 14 给出了模拟值与实测值的对比,其中三列分别对应于不同的静水深计算条件。对于测点 WG3～WG28,均处于堤顶前方,两个模型对于三种计算条件的模拟结果均与实测值符合得较好。对于越堤波浪过程的模拟,UM 模型的模拟精度略高于 OM 模型。对越堤流的爬坡和回落过程的模拟,OM 模型和 UM 模型的模拟值均高于实测值。考虑越堤流水层较薄,对固定床面边界的模拟精度对计算结果影响较大,需要进一步开展关于干湿边界判定和固定床面模拟的分析工作。波浪越过堤顶的过程中波面破碎、翻卷、水气掺混,过程复

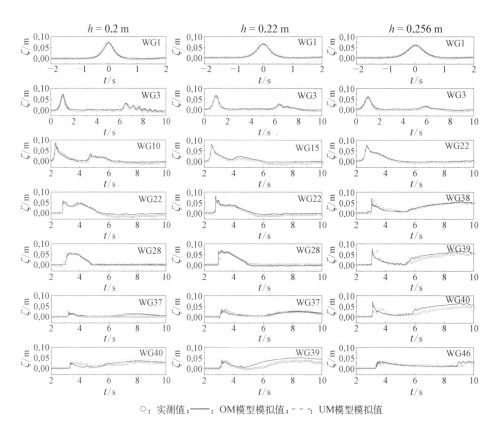

○:实测值;——:OM模型模拟值;- - -:UM模型模拟值

图 5.3 – 14   波面演化的模拟值与实测值比较

杂,无论 OM 模型还是 UM 模型,均不能模拟实际的波浪越堤过程。然而若越堤波浪的平均水位值的模拟精度得以保证,即保证越堤流流量的模拟值的精度,就可为堤后越堤流的洪水演进提供合理的边界条件。对两个模型的模拟效率进行比较,UM 模型高于 OM 模型。

如图 5.3-15 所示为各种计算条件下的瞬时波面,左侧对应于静水深 $h=0.2$ m 条件下三个不同时刻的波面,该条件下越堤波浪强度较低。中间一列为静水深 $h=0.22$ m 条件下三个不同时刻的波面,由于静水位的增加,越堤波浪强度增加。右侧一列为静水深 $h=0.256$ m 条件下三个不同时刻的波面,该条件下越堤波浪强度最大。

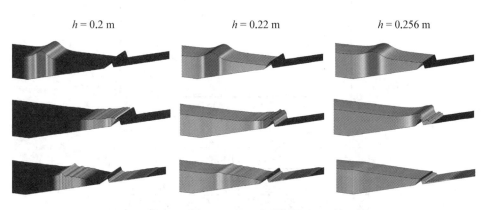

$h=0.2$ m　　　　　　$h=0.22$ m　　　　　　$h=0.256$ m

图 5.3-15　瞬时波面

5. 孤立波绕射出水凸台的模拟

孤立波绕出水凸台的实验经常被作为数值模型的考核算例(Briggs et al., 1995)。凸台前的静水深 $h=0.32$ m,三组入射波的相对波高 $A/h=0.045$, 0.096, 0.181。图 5.3-16 绘出了实验装置及测点位置,其中测点 2 和测点 6 布置在凸台前,测点 9、16 和 22 分别布置在凸台周围近干湿水面线处。水平计算网格采用非结构化网格,其中凸台局部网格最小分辨率 $\Delta l=2$ cm,计算时步长 $\Delta t=0.001$ s。

孤立波传播至出水凸台,由于局部地形的逐步浅化,波浪发生折射,波峰线扭曲,地形引起的波浪折射现象持续至孤立波离开凸台。孤立波在变化地形上发生折射的同时,绕过凸台进而汇聚于其后,即发生绕射现象。上述运动过程中,不同的地形条件和入射波条件控制着孤立波的破碎程度。图 5.3-17 直观地显示了三种入射波条件下波面的演化,各列分别对应于不同的入射波在三个时刻的瞬时波面。模拟结果显示入射波的相对波高 $A/h=0.045$ 时,几乎没有

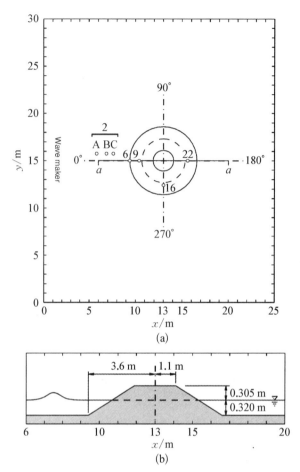

图 5.3 - 16　实验装置及测点布置(Yamazaki et al., 2009)

(a) 俯视图　(b) 侧视图

波浪发生破碎。随着入射波相对波高增加,图 5.3 - 17 的中间和右侧两列显示了较强的波浪破碎现象。随着波浪绕射的加强,在凸台后绕射波相互碰撞、爬升。

图 5.3 - 18 给出了各测点水位模拟值与实测值的比较。测点 9 处的模拟值与实测值的比较结果显示主波峰后的模拟值精度较低。测点 9 布置在凸台前靠近水陆交界面,波浪爬升、回落过程中干湿边界的模拟及薄层水条件下固体床面的模拟精度直接影响着数值模拟的精度。OM 模型和 UM 模型的模拟结果显示,UM 模型模拟的破碎波最大水位值略高于 OM 模型的模拟值。两个模型对于孤立波浅化、绕射、反射、破碎等过程的模拟均较好地符合实验测量值。

$A/h = 0.045$　　　$A/h = 0.096$　　　$A/h = 0.181$

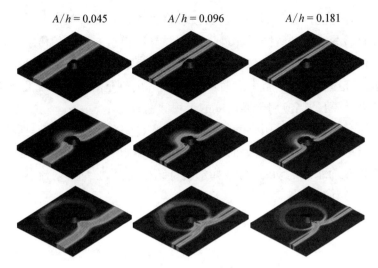

图 5.3 - 17　瞬时波面

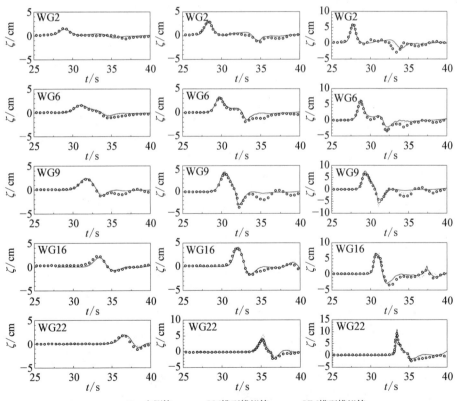

○：实测值；——：OM模型模拟值；- - -：UM模型模拟值

图 5.3 - 18　波面演化的模拟值与实测值比较

　　非静压模型无论方程形式还是数值求解方法均有其特殊性,主要是由模型应用的物理背景决定的。同时非静压模型与静压模型有一定的传承性,所以采用了一些静压模型的数值求解方法,如自由表面捕捉方法、破碎波模式化方法等。非静压模型多应用于自由表面水波的模拟,特别是海岸带的波浪演化,因其计算效率较高,可适当应用于实尺度的工程问题研究。

　　由理论分析可知非静压模型的建模基础来自完全三维的纳维-斯托克斯方程,其适用性并不仅限于自由表面水波的模拟,可推广应用于其他静压假定不成立的带自由表面水流运动的模拟,如水流绕结构物流动、局部射流、陡变地形条件下的明渠流动等。

第 6 章

非静压模型在高精度
数值模拟中的应用

　　非静压模型的提出基于静压模型的拓展,即在静压假定基础上的非线性浅水方程中引入动压梯度项,从而提高了模型对波动色散性的模拟能力。该模型通常用来模拟短波长的水波,在海岸工程、海洋流动模拟中得到了一定范围内的应用,但应用于其他复杂流动的数值模拟工作尚不广泛。

　　分析前文所述的非静压模型数值求解的预估-校正方法,非静压模型是以静压作用下的流动为预估流场,动压值的确定出现在校正过程中。数值方法类似于 SIMPLE 算法,但速度-压力校正过程在每一时步内仅仅计算一次。仅针对上述的数值求解过程而言,非静压模型的压力分解可视为一种数值上的求解方法,而数学模型本身则为完整的纳维-斯托克斯(Navier-Stokes)方程(暂不讨论不同时空尺度过滤后的数学模型,如 RANS、LES 等)。鉴于此,虽然非静压模型大多用来模拟短波长的带自由表面的水波运动,但其并不仅限于该类流动的数值模拟,理论上可以应用于任何带自由表面流动的数值模拟。

　　本章针对几种常见的带自由表面流动,简要介绍非静压模型的推广应用。应用背景涉及水流结构物相互作用、局部地形陡变等条件下的高精度数值模拟。

6.1　带自由表面水流绕结构物的数值模拟

　　静压模型适用的前提条件是流动的垂向加速度远小于重力加速度,垂向动量方程退化为静压方程。水波运动中的浅水波满足这一条件,故基于静压假定建立的非线性的浅水方程具有广泛的应用背景。明渠流动同样满足静压条件,利用浅水方程可以获得较高的模拟精度。但对于明渠水流绕结构物的流动,结构物局部的静压条件不再满足。本节分别采用静压模型和非静压模型模拟出水圆柱的绕流运动,对比分析两个模型的模拟结果,进而验证非静压模型的适用性。

　　算例采用 Dargahi(1989)的物理模型实验条件,设定计算域长 22 m,宽

1.5 m,静水深 0.2 m,来流流速为 0.26 m/s。以圆柱直径为特征长度的流动雷诺数 $Re_D = 39\,000$。圆柱直径 $D = 0.15$ m,垂直地固定在距入口 18 m 处的对称面上。数值模拟的入口条件设定为流量边界条件,出口边界条件设定为固定水位值。平底床面采用无滑移边界条件,近床面第一层网格格心处的高度 $z^+ \approx 2$,网格分辨率满足无滑移边界条件的计算要求。圆柱沿周向剖分为 192 个单元,径向距圆柱面第一层网格尺度通过试算确定为 $\Delta^+ \approx 3$,可满足无滑移固壁条件对计算网格分辨率的要求。如图 6.1-1 所示为整体计算域及局部计算域的计算网格分布,计算网格在柱面附近采用结构化的适合边界层模拟的计算网格,可以更好地模拟近壁面的边界层流动。

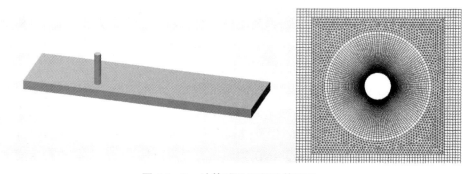

图 6.1-1　计算域及局部计算网格

　　静压模型满足明渠流模拟的精度要求,但随着水流流经结构物时,静压假定的理论基础不再成立,模拟误差逐渐增加。图 6.1-2 绘出了柱前流场的瞬时模

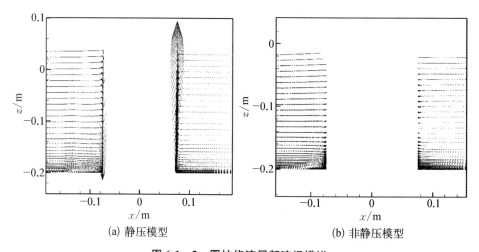

(a) 静压模型　　　　　　　　　　　(b) 非静压模型

图 6.1-2　圆柱绕流局部流场模拟

拟结果,其分别对应于静压模型和非静压模型的模拟结果。静压模型的模拟结果显示沿柱面出现了较大的垂向流速,该模拟结果严重失真。对于柱前分离流动所形成的涡流结构,无论空间分布位置还是几何形态,静压模型的模拟结果与非静压模型的模拟结果存在着显著差异。

非静压模型理论基础更加完备,模拟结果的可信度较静压模型更高,故可以判断对于水流绕结构物的模拟,静压模型应予以舍弃。非静压模型的模拟结果可采用相关的实验测量数据做对比分析,以进一步验证模型的适用性。如图 6.1-3 所示为柱前压力系数的验证,(a)为柱前沿中心线床面上的压力系数分布,(b)为沿柱面迎水面的压力系数垂向沿水深的分布。图 6.1-4 为圆柱尾流区不同测量位置处的流速验证,x/D 表示尾流区沿流向位置(以柱心为零点坐标),z/H 表示相对水深。模拟结果显示,近床面的流场模拟精度较高,近水面的流速模拟精度有待改善。

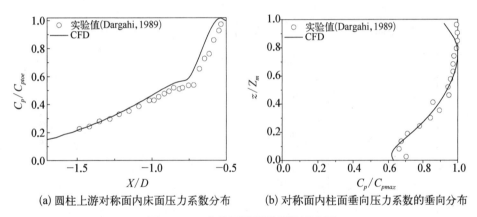

(a) 圆柱上游对称面内床面压力系数分布　　(b) 对称面内柱面垂向压力系数的垂向分布

图 6.1-3　非静压模型模拟结果验证

通过对上述研究算例模拟结果的对比分析,非静压模型可用来模拟绕单柱体的水流运动。对于绕柱群流动的数值模拟,非静压模型理应适用。明渠水流绕柱群流动常被用来研究植被水流,已有研究多基于求解纳维-斯托克斯方程(具体又分为 RANS、LES 等模型),取得了丰硕的研究成果(Nezu et al.,2008;Stoesser et al.,2009;Okamoto et al.,2010;Nicolle et al.,2011;Chang et al.,2015;Kazemi et al.,2017;Wang et al.,2018)。非静压模型在相关研究中的应用尚不多见。对于水流绕圆柱群的模拟,鉴于柱群中单柱数量往往较大,数值消耗显著增加。已有数值模拟结果的分析显示,在明渠流动条件下,动压作用仅在柱群局部比较显著。若仅在计算域局部采用非静压模式,则计算效率可显著提高。以下算例不考虑局部非静压模式,仍采用全局非静压模式,仅用来分析非

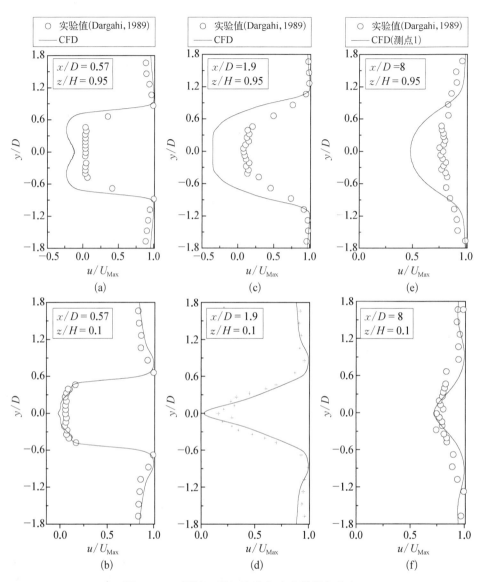

图 6.1 - 4　圆柱下游平均流向速度的横向分布

静压模型的适用性。

　　本节采用的算例与 Zong et al. (2011)的物理实验模型相一致(见图6.1 - 5)。计算域长 13 m,宽 1.2 m,静水深为 0.133 m。圆柱群中心位于水槽中心轴线上,且布置在距离水槽入口的下游 3 m 处。圆柱直径 d =0.6 cm,圆柱群直径 D =22 cm,圆柱采用交错排列的形式。x 方向为顺流方向,y 方向垂直于中心轴线,如图 6.1 - 5所示。网格剖分采用非结构化计算网格,圆柱近壁区域采用边界层形式的计算网格,以提高对边界层流动的模拟精度。圆柱固体边界采用壁面函数,近壁面第一层网格沿壁面法向的长度约为 1.5 mm,换算成无量纲尺度,Δ^+ 在 20～40 的范围内,其满足壁面函数对计算网格分辨率的要求。网格示意如图 6.1 - 6 所示,非结构网格仅存在于水平面内,垂向采用分层的结构化计算网格。

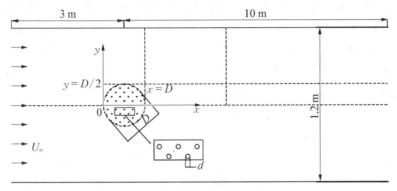

图 6.1 - 5　水槽布置图

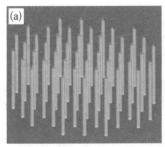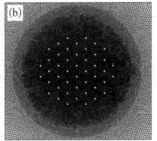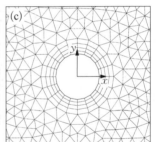

图 6.1 - 6　柱群绕流的计算网格

对于该模拟算例,入口设定流量边界条件,入口处相应的水深平均流速 $U_\infty = 9.8$ cm/s。入口处若采用水深均匀分布的流速作为边界条件,流动需要经过一段较长距离后才可发展为充分的壁面湍流运动,即水平流速的垂向分布完全发展。为了获得充分发展的绕柱群来流条件,需要在柱群上游设定一段较长的计算域。为节省计算消耗,该算例预先设定相同水深和入流条件的明渠水流流动,暂不设置柱群。待计算至稳定状态后,截取计算域内稳定段的某一垂直于流向的横断面,提取断面内的流场信息,包括流速分布、涡黏性系数分布等。将提取的流场数据作为柱群绕流的入流边界条件,进而开展柱群绕流的数值模拟。该处理方法可减少入流段计算域长度,节省计算资源。计算中的出口需要设置在远离柱群的下游,该算例设置在 50D 处。出流边界采用固定的水位边界条件,并结合辐射边界条件以降低边界处的数值反射。该算例中的计算时间步长设定为 0.000 5 s,计算至流动达到稳定状态后,继而以一定的采样频率记录 120 s 的流场信息,做后续的流动统计分析。

该算例共模拟了孔隙率 $\varphi = 0.03$,0.1 两种绕流流动,采集半水深处的水平面内的流场信息,并与实验测量值比较,从而验证非静压模型的有效性。图 6.1-7 绘出了沿柱群中心对称面处的流向流速的模拟值与实验值的比较,数值模型准确地模拟了绕柱群水流的尾流场特征。两种孔隙率的绕柱群流动模拟值均与实验值吻合较好。图 6.1-8 绘出了侧向流速与实验值的比较,吻合得较好。模拟结果准确地再现了尾流区的流动特征,涉及绕柱群水流的分离、剪切层的发展、涡街的形成等主要特征,且与柱群孔隙率密切相关。不同孔隙率条件下的尾流场结构可借助于垂向涡量分布得以展示,如图 6.1-9 所示。除尾流场大尺度涡结构的复演外,非静压模型可以准确地模拟柱群内部的局部流动。图 6.1-10 绘出了中间水深平面内柱群范围内的垂向涡量分布,清晰地刻画了局部的分离流动,揭示了不同固体体积分数条件下柱群内的流场结构特征。

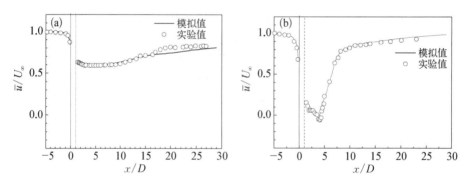

图 6.1-7 纵向平均速度 $\bar{u}$ 与实验值比较[$y=0$;(a)中 $\varphi=0.03$;(b)中 $\varphi=0.10$]

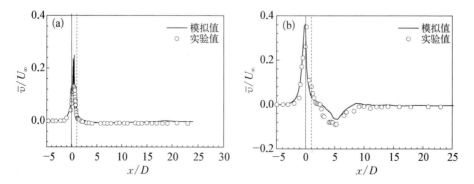

图 6.1-8 横向平均速度 $\bar{v}$ 与实验值比较[$y=D/2$;(a)中 $\varphi=0.03$;(b)中 $\varphi=0.10$]

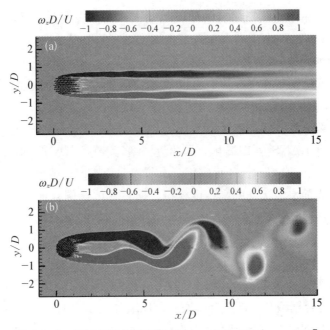

图 6.1－9 尾流场结构模拟[(a)中 $\varphi=0.03$；(b)中 $\varphi=0.10$]

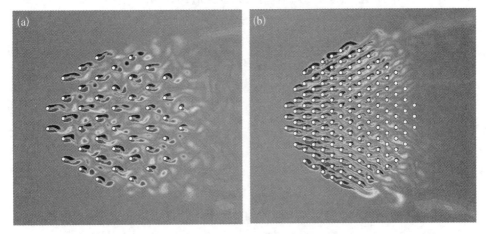

图 6.1－10 中水深平面内的垂向涡量分布[(a)中 $\varphi=0.03$；(b)中 $\varphi=0.10$]

6.2 非静压模型结合分离涡湍流模式的高精度模拟

湍流运动的数值模拟为计算流体力学领域的重要研究内容之一。传统的浅水方程及非静压模型均侧重于大尺度的水波运动模拟,较少应用于精细化的水流运动模拟。精细化或高精度的湍流运动模拟需要量化湍流场的各种时空尺度,对于数值格式、边界条件的处理等提出了更高的要求。以湍流场结构的时空尺度辨析度为标准,大体可将湍流模型划分为三类,即雷诺平均(RANS)模型、大涡模拟(LES)模型和直接数值模拟(DNS)模型。各种湍流模型的基础理论、模型开发、模型适用性及工程应用的著作浩如烟海。

本节简要介绍基于非静压模型基础上的分离涡(DES)湍流模型。分离涡湍流模型是一种 RANS 和 LES 耦合的湍流模型,其兼顾 RANS 和 LES 各自的特点,适合复杂湍流模拟的工业化应用。本节将非静压模型结合分离涡湍流模型,用于带自由表面水流运动的高精度模拟。通过具体算例验证模型的适用性,同时发掘非静压模型在该类流动的数值模拟研究及应用中的潜力。

6.2.1 分离涡湍流模型

DES 模型是一种 RANS 和 LES 的混合模型,RANS/LES 混合模型可分为两类:全局组合模型和局部组合模型。全局组合模型中的一种称为分离涡湍流模型,属于 RANS 和 LES 模型无缝衔接的一种混合模型。该模型由 Spalart et al. (1997)最早提出,后续得到了不断的完善与应用(DDES 模型:Spalart et al., 2006;IDDES 模型:Shur et al., 2008;Spalart, 2009)。DES 通常采用单一湍流模型,通过修改湍流运动控制方程中表征涡尺度的变量,将计算域由 RANS 区逐渐过渡至 LES 区。目前发展出了基于一方程模型(如 S-A 模型)和两方程模型(如 SST k-ω 模型)的 DES 湍流模型。由一方程湍流模型(S-A 模型)发展而成的 DES 模型的控制方程表达如下:

$$\frac{D\tilde{\nu}}{Dt} = c_{b1}\tilde{S}\tilde{\nu} - c_{w1}f_w\left(\frac{\tilde{\nu}}{\tilde{d}}\right)^2 + \frac{1}{\tilde{\sigma}}\{\nabla \cdot [(\nu+\tilde{\nu})\nabla\tilde{\nu}] + c_{b2}(\nabla\tilde{\nu})^2\}$$

$$(6.2-1)$$

式中,$\tilde{\nu}$ 为计算变量,具有与分子运动黏性系数 ν 相同的量纲。定义:

$$\chi \equiv \frac{\tilde{\nu}}{\nu}, \quad f_w = g\left(\frac{1+c_{w3}^6}{g^6+c_{w3}^6}\right)^{1/6},$$

$$g = r + c_{w2}(r^6 - r), \quad r \equiv \frac{\tilde{\nu}}{\tilde{S}\kappa^2 d^2},$$

$$\tilde{S} = |\bar{S}| + \frac{\tilde{\nu}}{\kappa^2 d^2}f_{v2}, \quad f_{v1} = \frac{\chi^3}{\chi^3 + c_{v1}^3},$$

$$f_{v2} = 1 - \frac{\chi}{1 + \chi f_{v1}}, \quad \bar{S}_{ij} = \frac{1}{2}\left(\frac{\partial \bar{u}_i}{\partial x_j} + \frac{\partial \bar{u}_j}{\partial x_i}\right).$$

模型中的参数汇总如下：

$$c_{b1} = 0.135\,5, \quad \sigma = 2/3, \quad c_{b2} = 0.622, \quad \kappa = 0.41,$$

$$c_{w1} = c_{b1}/\kappa^2 + (1 + c_{b2})/\sigma, \quad c_{w2} = 0.3, \quad c_{w3} = 2.0, \quad c_{v1} = 7.1.$$

式(6.2-1)中的湍涡特征长度为 $\tilde{d}$，由计算表达式(6.2-2)确定：

$$\tilde{d} = \min(d, C_{\text{DES}}\Delta) \tag{6.2-2}$$

式中，$\Delta = \max(\sqrt{4A/\pi}, \Delta z)$，$A$ 是水平计算网格的面积，$\sqrt{4A/\pi}$ 表征了水平计算网格的空间长度尺度，Δz 为垂向网格尺度。上述关于当地网格尺度的计算仅针对本节的计算网格系统，不具有唯一性，如可以表示为 $\Delta = (\Delta x \Delta y \Delta z)^{1/3}$。关于网格特征尺度的计算方式可参考详细的研究论述(Shur et al.，2008；Sagaut et al.，2013)。式(6.2-2)中的长度参数 d 为当前计算网格到固壁的最近距离，也是原始 S-A 湍流模型中描述湍涡的特征长度尺度。系数 $C_{\text{DES}} = 0.65$，通常为常数，也有研究采用了变动的计算系数(Yin et al.，2016)，其在概念上可视为 LES 模型中的动力亚格子模式(张兆顺等，2008)。

由计算变量 $\tilde{\nu}$ 得到湍流涡黏性系数 ν_t：

$$\nu_t = \tilde{\nu} f_{v1} \tag{6.2-3}$$

将 RANS 框架下的 S-A 湍流模型中涡的特征尺度 d 以 $\tilde{d}$ 代替，而 $\tilde{d}$ 量值的确定受限于当地网格尺度。当计算模式处于 LES 时，大涡尺度由当地网格尺度度量，从而实现了 RANS 模式向 LES 模式的转换。涡尺度的计算表达式(6.2-2)实现了 DES 模型中两种计算模式在空间转换过程中的无缝衔接。

基于两方程模型的 DES 模型，同样通过修改控制方程中的湍流尺度变量实现 RANS 与 LES 计算模式的切换。以两方程湍流模型 SST k-ω 为例，将湍动能的控制方程改写为

$$\frac{Dk}{Dt} = \frac{\tau_{ij}}{\rho}\frac{\partial u_i}{\partial x_j} - \frac{k^{3/2}}{l_{k\text{-}\omega}} + \frac{\partial}{\partial x_j}\left[(\nu + \nu_t \sigma_k)\frac{\partial k}{\partial x_j}\right], \quad i,j = 1,2,3 \tag{6.2-4}$$

式(6.2-4)中表征湍流尺度的变量 $l_{k\text{-}\omega}$ 按下式计算得到：

$$l_{k\text{-}\omega} = \min(k^{1/2}/\beta^* \omega, C_{\text{DES}}\Delta) \tag{6.2-5}$$

其中的变量参考标准的 SST k-ω 湍流模型。其他两方程模型，如 k-ε 模型等，

可依照类似的方法计算湍流特征尺度(Bunge et al.，2007)，从而建立分离涡湍流模型。

6.2.2 分离涡湍流模型的"灰区"问题

DES 模型设计的初衷是近壁面流动采用 RANS 湍流模式模拟，而远离壁面的强分离流动采用 LES 湍流模式模拟。两种模式的分界由当地网格尺度决定，故计算网格的空间分辨率的设计需要仔细考量。不仅如此，计算网格的精细化设计是众多高精度湍流数值模拟需要重点关注的，往往直接影响数值模拟的精度。

研究人员在 DES 数值模拟的实践过程中，已经积累了丰富的实践经验，用于指导设计高质量的计算网格。以绕翼型流动为例，根据流动特征，可将流场划分为若干区域，每一区域可采用适用性较强的流动模型进行数值模拟。如图 6.2-1 所示，流动模型中的三类，即 Euler、RANS 和 LES，分别适用于不同的区域。LES 模型适于在流动分离区采用，而迎流面适于采用 RANS 模型，不同的流动模型需要采用相应分辨率的计算网格。该计算区域的划分对 DES 模拟的计算网格设计而言，具有一定的指导意义。

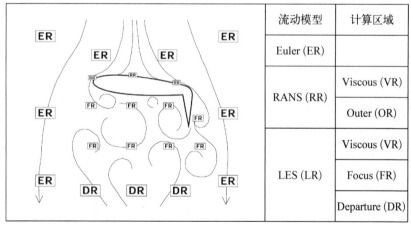

流动模型	计算区域
Euler (ER)	
RANS (RR)	Viscous (VR)
	Outer (OR)
LES (LR)	Viscous (VR)
	Focus (FR)
	Departure (DR)

图 6.2-1 绕翼型流动的流动模型适用区域划分(Spalart，2001)

DES 模拟所采用的计算网格特征尺度控制着 RANS 和 LES 模式的空间转换，数值模拟结果的优劣与计算网格直接相关，这一点更甚于 RANS 或 LES 的单独数值模拟。采用 DES 进行数值模拟的目的在于以 RANS 模拟近壁边界层流动，而以 LES 模拟强分离流动，满足这一目标的典型计算网格尺度如图 6.2-2(a)所示。其中计算网格沿壁面的流向长度尺度大于边界层厚度尺度,以保证边界层内流动为 RANS 模型模拟。但对于这种计算网格尺度,有时难以达到,特别是不规则壁面,计算网格需要有足够的流向分辨率以辨识固体的几何边界。实际应用中,流向计算网格尺度往往小于边界层的厚度尺度。如图 6.2 - 2(b)所示的计算网格剖分形式,湍流模拟的数值模式由 RANS 至 LES 的转换提前在边界层内完成。特别是如图 6.2 - 2(c)所示的计算网格剖分形式,其分辨率已达到了 LES 模型对网格尺度的要求,即边界层内几乎被 LES 模式所覆盖。

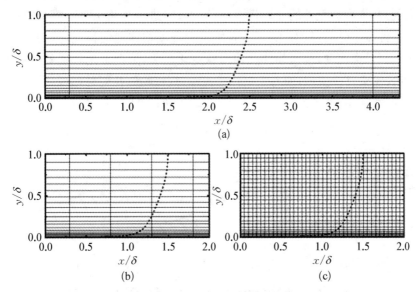

图 6.2 - 2　DES 模型近壁网格剖分的影响(Spalart et al., 2006)

　　不适当的计算网格剖分形式对 DES 模拟影响显著,特别是模式转换在边界层内完成的情况。DES 模型中由 RANS 至 LES 模式的转换过程,存在一个"灰区"。其实质是模拟的雷诺应力不足(model-stress depletion,MSD),根本原因是 RANS 计算模式不能激发充分的湍流脉动量。Spalart et al. (2006)和 Shur et al. (2008)为了克服 DES 模型的这一缺陷,先后提出了 DDES(delayed DES)和 IDDES(improved delayed DES)两种改进型的分离涡模型。前者的思路是限制由 RANS 计算模式向 LES 计算模式转换的空间位置,将转换界面外延至边界层外。后者需要设计适当的初始条件和边界条件以克服 MSD 问题。在解决 MSD 问题的研究中,区域分离涡(zonal-DES,ZDES)模型采用了另一种思路。不同于 DES 模型中 RANS 至 LES 的逐渐转换过程,当计算域由 RANS 转换至 LES 计算域时,ZDES 模型中的特征尺度直接以 LES 模式所采用的网格尺度代替,即 $\Delta = (\Delta x \Delta y \Delta z)^{1/3}$。与此同时,相关的计算参数 f_{v1},f_{v2} 和 f_w 修改如下:

$$f_{v1}=0, \ f_{v2}=0, \ f_w=1 \qquad (6.2-6)$$

ZDES 模型中,流动由 RANS 转换至 LES 时,特征尺度的变化及上述各参数的设定使得模型迅速转化为 LES 模式,可激发出流动的脉动量,从而获得更多的湍流脉动成分。Breuer et al.(2003)以 ZDES 模拟了绕平板的强分离流动,获得了与 LES 模拟吻合较好的结果。Deck(2005a,b)通过对黏性系数等的模拟结果的比较,验证了 ZDES 模型在克服 MSD 问题方面的可行性。同时,该模型实现简便,并未增加额外的计算量。Deck(2012)进一步将 ZDES 模型根据不同的模拟条件做了分类,针对图 6.2-3 所示的绕流物体几何特征,分为三类。对于(Ⅰ)和(Ⅱ)类流动,绕流物体几何形状变化显著,可诱导出较强的分离流动,适合 DES 模型直接模拟;而对于(Ⅲ)类流动,绕流物体几何外形变化较缓,流动分离较弱,直接用 DES 模型模拟会带来比较严重的 MSD 问题。

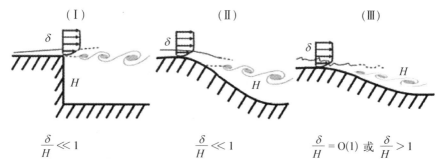

图 6.2-3　根据绕流物体几何特征的流动分类(Deck, 2012)

实际应用中,不仅是 DES 模型,LES 模型同样经常出现直接模拟的湍流脉动量不足的情况。一种办法是加长入流段,但会增加计算消耗。另一种解决办法是在 RANS/LES 界面处通过数值方法产生湍流脉动量,也可明显改善 MSD 问题(Keating et al.,2006)。在入流边界处添加脉动流速作为计算边界条件、采用沿流向的周期性边界条件、计算域内添加脉动体积力源等均可视为湍流人工生成方法。

通过添加人工干扰以促使湍流充分发展的方法有两种,一种方法是从实验或流动信息库中提取流场脉动信息,如预先计算平板流动获得充分发展的湍流场信息库;另一种方法则是采用数值合成技术生成湍流信息的数字信号。数值合成法通常利用计算机生成随机的脉动信息,如数值生成白噪声用以模拟湍流的随机脉动量。关于人工干扰流场的研究文献非常丰富,也有相关专著做了系统性的总结(Sagaut et al.,2013)。

湍流脉动速度具有随机性，但其随机性并非是完全的无序状态，而是与流动信息的时空尺度相关。考察 LES 模拟的湍流运动，该尺度下湍流场脉动量依赖于相应的几何限制条件，通常具有特定的拟序结构。人工随机生成具有一定拟序结构的脉动量更加贴合物理过程，较白噪声等所模拟的湍流脉动量更加合理。Jarrin et al.（2006）提出了一种涡的合成方法（synthetic eddy method，SEM），该方法随机决定湍涡的初生状态，后续所生成的脉动流场具有特定的拟序结构。基于该思想，Pamiès et al.（2009）发展了一种湍流脉动速度的人工合成方法，即将脉动速度以一系列的随机信号组合而成，而其中的随机信号具有预先设定的特征频率。脉动速度合成的计算表达式如下：

$$u'_i(x,\ y,\ z) = \sum_{j=1}^{3} A_{ij}\tilde{u}_j(x,\ y,\ z),\ i = 1,\ 2,\ 3 \qquad (6.2-7)$$

$$\boldsymbol{A} = \begin{bmatrix} \sqrt{R_{11}} & 0 & 0 \\ R_{21}/A_{11} & \sqrt{R_{22}-A_{21}^2} & 0 \\ R_{31}/A_{11} & (R_{32}-A_{21}A_{31})/A_{22} & \sqrt{R_{33}-A_{31}^2-A_{32}^2} \end{bmatrix} \qquad (6.2-8)$$

式中，随机信号 $\tilde{u}_j$ 并非完全的"随机"，而是具有统计意义上的期望值和一定分布宽度的方差值 σ。$\boldsymbol{A}_{ij}(z)$ 是预设的湍流场雷诺应力矩阵 $\boldsymbol{R}_{ij}(z)$ 的楚列斯基（Cholesky）分解矩阵。雷诺应力 $\boldsymbol{R}_{ij}(z)$ 通常由典型湍流场信息建立，如近壁边界层流动的实验或数值模拟可以获得沿壁面法向的雷诺应力分布形式。图 6.2-4 绘出了平板边界层湍流流动的雷诺应力分布，其对应于无量纲的

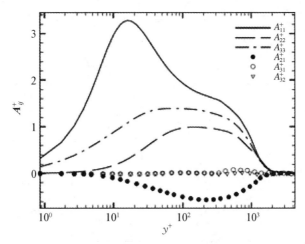

图 6.2-4　平板边界层无量纲的 $\boldsymbol{A}_{ij}(z)$ 分布（Pamiès et al., 2009）

$A_{ij}(z)$。式(6.2-7)中的脉动量 $\tilde{u}_j$ 组成的"流场"(并非真实流速)具有特定的结构,即对应于设定的涡结构。系数矩阵 $A_{ij}(z)$ 起到了"信号调制"作用,将数值生成的脉动值进一步量化,从而得到真实的湍流脉动速度。

脉动信号的生成有多种方法,式(6.2-9)通过三个形状函数的组合计算得到脉动信号 $\tilde{u}_j$(Pamiès et al.,2009)。

$$\tilde{u}_j(x,\ y,\ z) = \sum_{p=1}^{p}\sum_{k=1}^{N(p)}\varepsilon_k \underbrace{\Xi_{jp}\left(\frac{t-t_k-l_p^t}{l_p^t}\right)\Phi_{jp}\left(\frac{y-y_k}{l_p^y}\right)\Psi_{jp}\left(\frac{z-z_k}{l_p^z}\right)}_{g_{jp}(\tilde{t},\ \tilde{y},\ \tilde{z})}$$

$$(6.2-9)$$

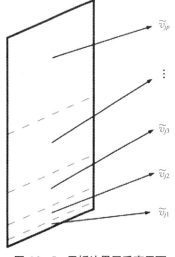

图 6.2-5 平板边界层垂直平面内的流动区域划分(Pamiès et al.,2009)

式中,p 为将垂直流向的平面做空间剖分的区域个数,$N(p)$ 为相关区域内随机生成的涡核数,如图 6.2-5 所示,每个剖分区域具有特定的流场结构。近壁区内普遍生成"发卡涡",而远离壁面的区域内多为各向同性的随机涡。ε_k 为随机数,在(-1,1)之间随机选取。(y_k,z_k,t_k) 为某瞬时初生的涡核位置和相位,该位置的更新由描述时间历程的形状函数 $\Xi_{jp}[(t-t_k-l_p^t)/l_p^t]$ 确定。只有某个涡演化完成后,才会生成新涡,故保证了生成的脉动量具有指定的特征频率。区域划分及各区域内湍涡的特征尺度如表 6.2-1 所示(Sagaut et al.,2013)。几种常见的控制函数如表 6.2-2 所示(Sagaut et al.,2013)。

表 6.2-1　区域划分范围及湍涡特征尺度

模　式	$(y_p^{low})^+$	$(y_p^{up})^+$	$(l_p^x)^+$	$(l_p^y)^+$	$(l_p^z)^+$	c_p^+
$p=1$	0	60	100	20	30	15
$p=2$(涡腿)	60	$0.5\delta^+$	120	60	60	15
$p=2$(涡头)	60	$0.5\delta^+$	60	60	120	15
模　式	(y_p^{low})	(y_p^{up})	(l_p^x)	(l_p^y)	(l_p^z)	c_p
$p=3$	0.5δ	0.8δ	/	0.1δ	/	$0.8U_\infty$
$p=4$	0.8δ	1.5δ	/	0.15δ	/	$0.8U_\infty$

注:其中 δ 为边界层厚度,U_∞ 为来流特征流速。

表 6.2 - 2　人工合成脉动信号所采用的形状函数

	g_{1p}	g_{2p}	g_{3p}
$p=1$	$G(\tilde{t})G(\tilde{y})H(\tilde{z})$	$-G(\tilde{t})G(\tilde{y})H(\tilde{z})$	$G(\tilde{t})H(\tilde{y})G(\tilde{z})$
$p=2$	$-G(\tilde{t})H(\tilde{y})G(\tilde{z})$	$\tilde{t}G(\tilde{t})G(\tilde{y})G(\tilde{z})$	$G(\tilde{t})G(\tilde{y})\tilde{z}G(\tilde{z})$
$p=3,4$	$\varepsilon_1 G(\tilde{t})G(\tilde{y})G(\tilde{z})$	$\varepsilon_2 G(\tilde{t})G(\tilde{y})G(\tilde{z})$	$\varepsilon_3 G(\tilde{t})G(\tilde{y})\tilde{z}G(\tilde{z})$

注：其中，$H(\xi)=\dfrac{1-\cos(2\pi\xi)}{2\pi\xi\sqrt{C}}$，$C\approx0.214$；$G(\xi)=A(\sigma)e^{\frac{\xi^2}{2\sigma^2}}$，$A(\sigma)=\dfrac{1}{\sqrt{\sigma\dfrac{\sqrt{\pi}}{2}erf\left(\dfrac{1}{\sigma}\right)}}$。

　　通过设定形状函数从而控制湍涡的生成、演化，可以得到较真实的湍流场脉动量，性能优于完全的随机信号（如白噪声）所得到的湍流脉动速度。根据该方法，编制湍流脉动速度的模拟器，利用其即可计算得到具有一定拟序结构的湍流脉动速度分布（见图 6.2 - 6）。人工生成的湍流脉动量可以在计算域入口处添加至入流速度，提供入流边界条件，也可在计算域内部指定位置处叠加进背景流场。针对 Deck(2012)提出的第（Ⅲ）类 ZDES 应用的物理背景（见图 6.2 - 3），在 RANS 和 LES 计算域的交界处需要引入人工合成的湍流脉动速度，用以加速 RANS 至 LES 的转换。

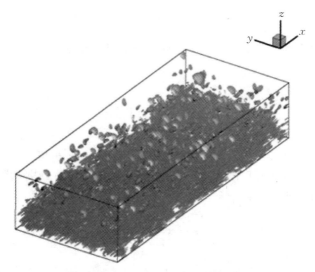

图 6.2 - 6　人工合成湍流脉动流场

　　人工促发湍流脉动量生成的技术广泛应用于 LES、DES 等的数值模拟，除背景流场叠加湍流脉动速度场的方法外，还有将脉动体积力引入动量方程的方法。各种方法的核心均是人工生成湍流脉动量,Sagaut et al. (2013)详细汇总了若干模式化方法。这些技术极大地提高了 DES 系列模型或更一般意义上的 RANS/LES 分区耦合模型的模拟性能,有效地拓宽了该类模型的适用性。

6.2.3 高精度数值格式的影响

本文数值模型采用了一系列的 TVD 类型的数值离散格式,均为二阶精度。高精度的数值模拟对数值离散格式提出了更高的要求。构造三阶以上精度的数值离散格式是诸如 DNS、LES、DES 等模型需要着重考虑的。针对本节模型所采用的网格系统,建立了高阶 WENO 数值格式用于高精度的 DES 数值模拟。

本节数值模型的网格系统由水平面内的非结构化计算网格和垂向的分层结构化计算网格组成,WENO 型数值离散格式在水平向和垂直向的构造采用不同的方式。基于结构化计算网格,节点 i 处的 WENO 格式的实现采用三个不同的计算模板,分别标记为:$\{i-2, i-1, i\}$、$\{i-1, i, i+1\}$ 和 $\{i, i+1, i+2\}$,i 为单元编号,同时变量布置在格心处。若采用二阶拉格朗日多项式构造插值函数,则插值函数为

$$P(x) = \sum_{m=1}^{3} \prod_{n=1, n\neq m}^{3} \frac{x - x_n}{x_m - x_n} \phi_m \qquad (6.2-10)$$

基于上述插值多项式(6.2-10),网格单元控制面上的任一变量的重构可由插值函数计算如下:

$$\phi_{i+1/2}^{(k)} = P(x_{i+1/2}) = \sum_{m=1}^{3} \prod_{n=1, n\neq m}^{3} \frac{x_{i+1/2} - x_n^{(k)}}{x_m^{(k)} - x_n^{(k)}} \phi_m^{(k)} \qquad (6.2-11)$$

式中,上标 $k(=1, 2, 3)$ 指代三个模板的序号,下标 m, n 指代具体模板上的单元编号。为了重构单元控制面上的任意变量 $\hat{\phi}_{i+1/2}^{\text{WENO}}$,可将分别基于三个不同模板的计算值进一步做加权求和:

$$\hat{\phi}_{i+1/2}^{\text{WENO}} = \sum_{k=1}^{3} \omega_k \phi_{i+1/2}^{(k)} \qquad (6.2-12)$$

式中,ω_k 为权重系数,该系数的确定可根据各个计算值在各个计算模板内的光滑程度做修正,其主旨在于确定三个模板对最终插值量的贡献。详细的 WENO 数值格式的构造有较多文献可供参考(Liu et al., 1994;Jiang et al., 1996;Henrick et al., 2005)。

本节模型在水平面内采用非结构化的计算网格剖分,非结构化的网格系统下 WENO 格式的构造首先需要选定计算模板,与结构化计算网格相比,其复杂度有所增加。选定的计算模板由 IM 个计算单元构成,表达如下:

$$\Gamma_\Omega = \bigcup_{i=1}^{IM} T^{(i)} \tag{6.2-13}$$

式中,上标(i)为组成该模板的单元序号,总单元数为 IM,该序号为局部编号,不同于网格系统的单元编号,即式(6.2 - 13)仅是针对模板内的单元进行的次序编排,实际应用中需要关联整体计算网格的拓扑结构。

针对某考察单元,需要建立围绕该单元的插值模板内单元序号与整体计算网格系统的映射关系。设某目标单元为 $T^{(m)}$,围绕该单元建立的插值模板表达如下:

$$S^{(m)} = \bigcup_{n=1}^{N} T^{(j(n))} \tag{6.2-14}$$

上述模板共有单元 N 个,指标 $j(n)$ 为模板内第 n 个索引单元与整体计算网格编号系统的映射关系,其中 $j(1) = m$ 意味着目标单元在局部模板单元序列中置于首位。对于二维问题,插值函数的阶数 M 与所需插值单元的个数 K 之间满足关系式 $K = \dfrac{1}{2}(M+1)(M+2) - 1$。为了解决计算过程中出现的数值不稳定情况,通常取多于 K 个网格单元组成插值计算模板。插值单元总的构成单元数设为 N,二维计算通常取 $N = 1.5K$,三维计算通常取 $N = 2K$。

Dumbser et al. (2006)、Tsoutsanis et al. (2018)发展了基于非结构化计算网格的高阶 WENO 格式的构造方法,本节将相关构造法移植至二维问题的计算。针对有限体积法,任意变量在单元 $T^{(m)}$ 内的均值 $\bar\phi_m$ 可借助分布函数积分得到,即:

$$\begin{aligned}
\bar\phi_m &= \frac{1}{|T^{(m)}|} \int_{T^{(m)}} \phi(x,\ y)\mathrm{d}S \\
&= \frac{1}{|T^{(m)}|} \int_{T^{(m)}} P(x,\ y)\mathrm{d}S
\end{aligned} \tag{6.2-15}$$

式中,$P(x,\ y)$ 用于变量反演及控制单元界面通量的重构,选取具有 M 阶的多项式函数,该多项式函数构造如下:

$$P(x,\ y) = \sum_{k=0}^{K} \alpha_k \psi_k(x,\ y) = \bar\phi_0 + \sum_{k=1}^{K} \alpha_k \psi_k(x,\ y) \tag{6.2-16}$$

式中，α_k 为待定系数，$\psi_k(x, y)$ 为多项式函数。对于当前模板 $S^{(m)}$ 中的各个组成单元 $T^{(j(n))}$，其单元平均的变量值 $\bar{\phi}_{j(n)}$ 为：

$$\bar{\phi}_{j(n)} = \frac{1}{\mid T^{(j(n))}\mid} \oiint_{T^{(j(n))}} P(x, y)\mathrm{d}x\mathrm{d}y$$

$$= \bar{\phi}_m + \frac{1}{\mid T^{(j(n))}\mid} \oiint_{T^{(j(n))}} \sum_{k=1}^{K} \alpha_k \psi_k(x, y)\mathrm{d}x\mathrm{d}y \qquad (6.2-17)$$

对于单元 $T^{(m)}$，满足条件式 $\bar{\phi}_m = \bar{\phi}_0$。

选取如下多项式函数：

$$P(x, y) = \bar{\phi}_m + \sum_{k=1}^{M} a_{\alpha_1, \alpha_2} (x - x_m)^{\alpha_1} (y - y_m)^{\alpha_2} \qquad (6.2-18)$$

式中，(x_m, y_m) 为单元 $T^{(m)}$ 的格心坐标，多项式函数的指数满足 $\alpha_1 + \alpha_2 = k$。将式$(6.2-18)$代入式$(6.2-17)$中的单元积分表达式，将其计算表达式改写为：

$$\oiint_{T^{(j(n))}} \sum_{k=1}^{M} a_{\alpha_1, \alpha_2} (x - x_m)^{\alpha_1} (y - y_m)^{\alpha_2} \mathrm{d}x\mathrm{d}y$$

$$= \sum_{k=1}^{M} a_{\alpha_1, \alpha_2} \oiint_{T^{(j(n))}} (x - x_m)^{\alpha_1} (y - y_m)^{\alpha_2} \mathrm{d}x\mathrm{d}y \qquad (6.2-19)$$

考察在单元 $T^{(j(n))}$ 内的积分表达式 $\oiint_{T^{(j(n))}} (\boldsymbol{x} - \boldsymbol{x}_m)^{\alpha}\mathrm{d}A$，其中的被积函数改写为：

$$\boldsymbol{x} - \boldsymbol{x}_m = \boldsymbol{x} - \boldsymbol{x}_n + \boldsymbol{x}_n - \boldsymbol{x}_m = (\boldsymbol{x}_n - \boldsymbol{x}_m)\left(1 + \frac{\boldsymbol{x} - \boldsymbol{x}_n}{\boldsymbol{x}_n - \boldsymbol{x}_m}\right) \qquad (6.2-20)$$

上式中 $\mid(\boldsymbol{x} - \boldsymbol{x}_n)/(\boldsymbol{x}_n - \boldsymbol{x}_m)\mid < 1$，$(x_n, y_n)$ 是组成该插值模板的单元 $T^{(j(n))}$ 的格心坐标。将被积函数 $(\boldsymbol{x} - \boldsymbol{x}_m)^{\alpha}$ 在 (x_m, y_m) 点处做泰勒展开，得到近似表达式：

$$(\boldsymbol{x} - \boldsymbol{x}_m)^{\alpha} = (\boldsymbol{x}_n - \boldsymbol{x}_m)^{\alpha} \left(1 + \frac{\boldsymbol{x} - \boldsymbol{x}_n}{\boldsymbol{x}_n - \boldsymbol{x}_m}\right)^{\alpha}$$

$$\approx (\boldsymbol{x}_n - \boldsymbol{x}_m)^{\alpha} \left(1 + \alpha \frac{\boldsymbol{x} - \boldsymbol{x}_n}{\boldsymbol{x}_n - \boldsymbol{x}_m}\right) \qquad (6.2-21)$$

则式$(6.2-19)$中的被积函数可以近似计算如下：

$$(x - x_m)^{\alpha_1} (y - y_m)^{\alpha_2} \approx (x_n - x_m)^{\alpha_1} (y_n - y_m)^{\alpha_2} \left(1 + \alpha_1 \frac{x - x_n}{x_n - x_m} \right)$$

$$\left(1 + \alpha_2 \frac{y - y_m}{y_n - y_m} \right)$$

$$= (x_n - x_m)^{\alpha_1} (y_n - y_m)^{\alpha_2} \left(1 + \alpha_1 \frac{x - x_n}{x_n - x_m} \right.$$

$$\left. + \alpha_2 \frac{y - y_n}{y_n - y_m} + \alpha_1 \alpha_2 \frac{x - x_n}{x_n - x_m} \frac{y - y_n}{y_n - y_m} \right)$$

令 $I = 1$, $II = \alpha_1 \dfrac{x - x_n}{x_n - x_m}$, $III = \alpha_2 \dfrac{y - y_n}{y_n - y_m}$, $IV = \alpha_1 \alpha_2 \dfrac{x - x_n}{x_n - x_m} \dfrac{y - y_n}{y_n - y_m}$。

将上式代入式(6.2-19),积分计算近似为:

$$\oiint_{T^{(j(n))}} (x - x_m)^{\alpha_1} (y - y_m)^{\alpha_2} \mathrm{d}x \, \mathrm{d}y = \oiint_{T^{(j(n))}} (I + II + III + IV) \mathrm{d}x \, \mathrm{d}y \, 。$$

对于均匀结构化计算网格, $\oiint_{T^{(j(n))}} (II + III + IV) \mathrm{d}x \, \mathrm{d}y = 0$; 对于非结构化计算网格,该积分不易直接计算,相应的积分值与网格几何形状相关。若将单元 $T^{(j(n))}$ 等效为一个面积相等的圆 $\Omega^{(j(n))}$,其半径为 R,即 $| \Omega^{(j(n))} | = | T^{(j(n))} | = \pi R^2$,在等效单元内上述各项的积分值分别为:

$$\oiint_{\Omega^{(j(n))}} II \mathrm{d}x \, \mathrm{d}y = \oiint_{\Omega^{(j(n))}} \alpha_1 \frac{x - x_n}{x_n - x_m} \mathrm{d}x \, \mathrm{d}y = \frac{\alpha_1}{x_n - x_m} \int_0^R \int_0^{2\pi} r \cos \theta \, \mathrm{d}r \, \mathrm{d}\theta = 0$$

$$\oiint_{\Omega^{(j(n))}} III \mathrm{d}x \, \mathrm{d}y = \oiint_{\Omega^{(j(n))}} \alpha_2 \frac{y - y_n}{y_n - y_m} \mathrm{d}x \, \mathrm{d}y = \frac{\alpha_2}{y_n - y_m} \int_0^R \int_0^{2\pi} r \sin \theta \, \mathrm{d}r \, \mathrm{d}\theta = 0$$

$$\oiint_{\Omega^{(j(n))}} IV \mathrm{d}x \, \mathrm{d}y = \oiint_{\Omega^{(j(n))}} \alpha_1 \alpha_2 \frac{x - x_n}{x_n - x_m} \frac{y - y_n}{y_n - y_m} \mathrm{d}x \, \mathrm{d}y$$

$$= \frac{\alpha_1 \alpha_2}{(x_n - x_m)(y_n - y_m)} \int_0^R \int_0^{2\pi} r^2 \cos \theta \sin \theta \, \mathrm{d}r \, \mathrm{d}\theta = 0$$

上述计算结果表明对于具有对称结构的计算单元, $\oiint_{T^{(j(n))}} (II + III + IV) \mathrm{d}x \, \mathrm{d}y = 0$。 考察各个面积分的表达式,如 $\oiint_{T^{(j(n))}} II \mathrm{d}x \, \mathrm{d}y$,其几何意义表征了积分单元的几何形心与单元格心位置的偏离量。对于质量优的非结构化计算网格,这两个位置坐标近似重合或偏差较小,计算表达式 $\oiint_{T^{(j(n))}} (II + III + IV) \mathrm{d}x \, \mathrm{d}y = 0$ 可近似成立。最终积分表达式(6.2-19)的简化计算如下:

$$\sum_{k=1}^{M} a_{\alpha_1,\alpha_2} \oiint_{T^{(j(n))}} (x-x_m)^{\alpha_1} (y-y_m)^{\alpha_2} \mathrm{d}x\,\mathrm{d}y \qquad (6.2-22)$$

$$= \sum_{k=1}^{M} a_{\alpha_1,\alpha_2} (x_n-x_m)^{\alpha_1} (y_n-y_m)^{\alpha_2} \cdot |T^{(j(n))}|$$

将式(6.2-22)代入式(6.2-17),得到模板内各单元格心处的平均变量值:

$$\bar{\phi}_{j(n)} = \bar{\phi}_m + \sum_{k=1}^{M} a_{\alpha_1,\alpha_2} (x_n-x_m)^{\alpha_1} (y_n-y_m)^{\alpha_2} ,\ n=1,\ N \qquad (6.2-23)$$

上式中共有 K 个未知系数 a_{α_1,α_2},但如前所述,为提高数值稳定性,模板内的单元个数通常大于未知量个数,即 $N > K$。

改写式(6.2-23)为矩阵形式,表达如下:

$$\sum_{k=1}^{K} \boldsymbol{A}_{nk}\boldsymbol{a}_k = \boldsymbol{b}_n ,\ n=1,\ \cdots,\ N \qquad (6.2-24)$$

其中,

$$[a_1,\ a_2,\ \cdots,\ a_K]^{\mathrm{T}} = [a_{1,0},\ a_{0,1},\ \cdots,\ a_{0,M}]^{\mathrm{T}} \qquad (6.2-25\mathrm{a})$$

$$\boldsymbol{b}_n = \bar{\boldsymbol{\phi}}_{j(n)} - \bar{\boldsymbol{\phi}}_m \qquad (6.2-25\mathrm{b})$$

$$\boldsymbol{A}_{nk} = [(x_n-x_m)^0 (y_n-y_m)^1,\ \cdots,\ (x_n-x_m)^0 (y_n-y_m)^M] \qquad (6.2-25\mathrm{c})$$

对于式(6.2-24)形成的超定方程组,可采用最小二乘法计算其中的未知系数(Dumbser et al.,2006)。

将式(6.2-24)进一步改写如下:

$$\tilde{\boldsymbol{A}}\tilde{\boldsymbol{a}} = \tilde{\boldsymbol{b}} \qquad (6.2-26)$$

式中,$\tilde{\boldsymbol{A}}$ 为代数方程组的系数矩阵,$\tilde{\boldsymbol{a}}$ 为未知量组成的向量,$\tilde{\boldsymbol{b}}$ 为右端项组成的向量。分析矩阵 $\tilde{\boldsymbol{A}}^{\mathrm{T}}\tilde{\boldsymbol{A}}$,若其可逆,则系数向量可以直接计算得到,表达式为

$$\tilde{\boldsymbol{a}} = (\tilde{\boldsymbol{A}}^{\mathrm{T}}\tilde{\boldsymbol{A}})^{-1}\tilde{\boldsymbol{A}}^{\mathrm{T}}\tilde{\boldsymbol{b}} \qquad (6.2-27)$$

上式中的矩阵 $\tilde{\boldsymbol{A}}^{\mathrm{T}}\tilde{\boldsymbol{A}}$ 的计算,可借助矩阵分解完成。如将矩阵 $\tilde{\boldsymbol{A}}$ 做 $\boldsymbol{QR}$ 变换(Houscholder 变换),得到 $\tilde{\boldsymbol{A}}^{\mathrm{T}}\tilde{\boldsymbol{A}} = (\boldsymbol{QR})^{\mathrm{T}}(\boldsymbol{QR}) = \boldsymbol{R}^{\mathrm{T}}\boldsymbol{R}$ 后,再进一步简化计算。

通过上述计算过程,求得插值多项式函数的各系数后,计算域内任一点处的变量值即可由如下插值表达式计算得到:

$$\phi^{\text{WENO}}(x) = \bar{\phi}_m(x_m, y_m) + \sum_{k=1}^{M} a_{\alpha_1, \alpha_2}(x - x_m)^{\alpha_1}(y - y_m)^{\alpha_2}$$

$$(6.2 - 28)$$

有限体积法(FVM)的数值离散过程中需要在控制体单元面上重构变量值，进而反演计算得到相应的面通量。任意变量 ϕ 在单元 $T^{(m)}$ 的控制面上的重构值可由该变量在该面上的平均值代替，即 $\bar{\phi} = \int_{\partial T^{(m)}} \phi \, \mathrm{d}s \big/ \Delta(\partial T^{(m)})$，其中 $\Delta(\partial T^{(m)})$ 为相应控制面的面积。其中变量的面积分值可计算如下：

$$\int_{\partial T^{(m)}} \phi^{\text{WENO}} \mathrm{d}s = \int_{\partial T^{(m)}} \left[\bar{\phi}_m(x_m, y_m) + \sum_{k=1}^{M} a_{\alpha_1, \alpha_2}(x - x_m)^{\alpha_1} \right.$$
$$\left. (y - y_m)^{\alpha_2} \right] \mathrm{d}l \qquad (6.2 - 29)$$

式中，$\partial T^{(m)}$ 为单元 $T^{(m)}$ 的控制面，对于本节数值模型采用的网格形式，其为组成平面单元的各边(即线积分)，l 则为相应的边长。

建立控制面上的局部坐标系，如图 6.2 - 7 所示，将式(6.2 - 29)中的线积分转化为该局部坐标系内的相应数值计算。线积分路径为 $(x_1, y_1) \to (x_2, y_2)$，沿积分路径，引入参变量 t，满足 $t \in [0, l]$，建立转换关系：$x = x_1 - t\sin\alpha$ 和 $y = y_1 + t\cos\alpha$。式(6.2 - 29)中的积分式的计算可进一步表达如下：

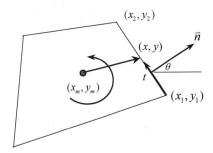

图 6.2 - 7　单元局部坐标系

$$\int_{\partial T^{(m)}} (x - x_m)^{\alpha_1}(y - y_m)^{\alpha_2} \mathrm{d}l = \int_0^l (x_1 - t\sin\alpha - x_m)^{\alpha_1}$$
$$(y_1 + t\cos\alpha - y_m)^{\alpha_2} \mathrm{d}t \qquad (6.2 - 30)$$

上述的积分计算可采用勒让德-高斯(Legendre-Gauss)数值求积法完成。

高阶数值格式对于 DES 类数值模拟精度的影响，可通过比较不同精度的离散格式对湍涡结构的模拟加以分析。基于相同分辨率的计算网格，分别采用二阶 TVD 格式和五阶 WENO 格式，数值模拟平板边界层流动，进而比较数值格式精度对模拟的影响。设定平板边界层流动为考核算例，板长 2 m，宽 0.2 m，静水深 0.05 m。流动雷诺数 $Re_\theta = 1\,100$，计算网格分辨率 $\Delta x^+ = 60$，$\Delta y^+ = 30$，$\Delta z^+ = 1$。分别采用二阶 TVD 格式和五阶 WENO 格式进行数值模拟，图 6.2 - 8

绘出了基于两种数值离散格式的模拟结果,以 Q 的等值面分布直观地表征了湍流场的涡结构。对比分析表明,高阶格式对小涡结构的模拟更优,获得的湍流场信息更加丰富。

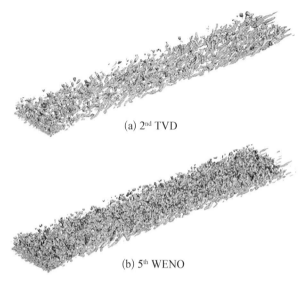

(a) 2nd TVD

(b) 5th WENO

图 6.2 - 8　不同数值离散格式的模拟结果比较

6.3　非静压模型在高精度湍流运动模拟中的应用

分离涡(DES)湍流模型、大涡模拟(LES)模型等已经广泛应用于湍流运动的高精度数值模拟,但非静压模型框架下的 DES 或 LES 等高精度模型的开发及应用还有待提高。基于前文分析可知,非静压模型就其理论基础而言,属于完全的纳维-斯托克斯方程(不同于浅水方程),只需结合适当的湍流模型,就可推广应用于湍流运动的高精度数值模拟。以下简要介绍非静压模型框架下的高精度 DES 模型的若干应用,验证该类模型对于高精度湍流运动模拟的适用性。

6.3.1　平板边界层数值模拟

缓变地形条件下的自由表面水流表现出边界层流动的特征,水平运动尺度远大于垂向运动尺度,如明渠流动。边界层流动的模拟经常作为高精度数值模拟方法及计算软件开发的考核算例,有大量的物理模型实验和理论成果可为数值模型提供验证资料。以下设计平底明渠的流动算例,验证模型的适用性。

构造带自由表面的浅水流动模拟算例,设定静水深 $L=0.05$ m,计算域流向长 2 m,侧向宽 0.2 m。入口设置为流量边界条件,出口设置为定常水位值。来流雷诺数 $Re_\theta=1\,100$,摩阻流速 $u_\tau=\sqrt{\tau_w/\rho}=0.012$ m/s。流向采用均匀的计算网格 $\Delta x^+=60$,侧向同样采用均匀的计算网格 $\Delta y^+=30$,近床面网格分辨率 $\Delta z^+=1$。预先设定计算范围 $x\in[0.5,\,1.5]$ 为 DES 模式的计算区域,将该计算域外设为 RANS 模式计算域。在 DES 模拟区域内,沿壁面法向 RANS 和 LES 的转换位置设定为 $z^+_{\text{switch}}\approx100$。数值离散格式采用五阶的 WENO 格式。在 $x=0.5$ m 断面处添加动量扰动源项,从而人工生成湍流脉动速度。计算时间步长 $\Delta t=0.000\,1$ s,模拟至流动达到统计意义上的稳定状态,之后继续模拟 15 个大涡演化周期 (L/u_τ),并记录流场信息以做后续的统计分析。

该流动为典型的明渠流动,采用 RANS 模型进行数值模拟,小尺度的湍涡运动被过滤掉,得到了定常的时均流场。对于定常的明渠流动,基于静压假定的浅水方程可以获得较高的模拟精度。若采用 LES 所针对的时空尺度模拟该明渠流动,瞬时脉动速度场具有不可忽略的垂向运动,即静压假定的成立条件不再满足,需要采用非静压模型进行数值模拟。

针对上述流动条件下的明渠流动,若考察流动的高分辨率时空演化特征,静压模型是否仍可给出合理的模拟结果,可通过与非静压模型的模拟结果对比进行分析。图 6.3-1 绘出了静压模型和非静压模型模拟结果的对比,结果显示非静压模型给出了更加合理的近壁面湍流场的涡结构。

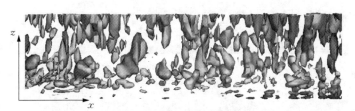

(a) 静压模型模拟的 Q(=50)等值云图

(b) 非静压模型模拟的 Q(=50)等值云图

图 6.3-1 静压模型和非静压模拟模拟的流场结构比较

通过静压模型和非静压模型模拟结果的对比,针对明渠流动的高精度数值模拟,宜采用非静压模型。基于非静压模型的数值模拟刻画了丰富的沿流向湍流场的演化过程,复演了各种典型的涡结构(见图 6.3-2)。

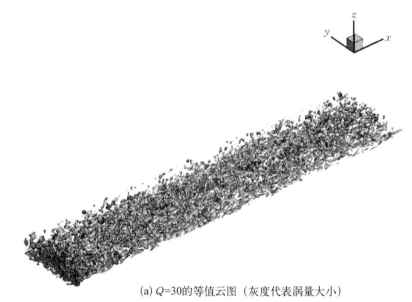

(a) $Q=30$ 的等值云图(灰度代表涡量大小)

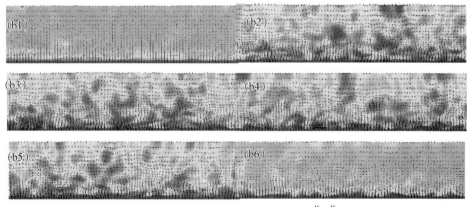

(b1~b6) 沿流向横断面内的流场 [云图为涡量 $\|\boldsymbol{\Omega}\|$ $(0\sim30/s)$,
计算网格 $x = 0.0\sim1.0\ \mathrm{m}$(等距)]

图 6.3-2 湍流场涡结构的空间演化

边界层流动有着丰富的理论和实验研究成果,其中流速分布及流动脉动量的统计信息可作为对模型模拟结果的考核。如图 6.3-3(a)所示为流向平均速度的垂向分布,并将其与理论分析结果做了对比分析。模拟结果显示不添加人工湍流生成项,水平流速的垂向分布在结构上存在明显的偏差。当 $z^+ > z^+_{\text{switch}}$ 时,流速的对数分布曲线的截距增加,这一现象的产生即典型的 MSD(model-stress depletion,模型应力损耗)问题。通过在 RANS 和 LES 分界面处引入人工生成的湍流脉动流速,模拟得到的流向平均速度的垂向分布与典型的对数流速分布符合得较好。统计分析各种湍流脉动信息,计算相应的雷诺应力,与相关实验及 DNS 数值模拟结果的对比示于图 6.3 - 3(b)。

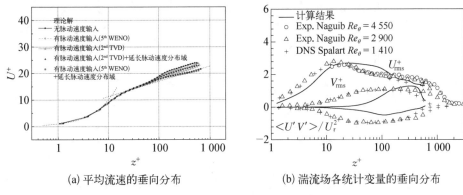

(a) 平均流速的垂向分布　　　　(b) 湍流场各统计变量的垂向分布

图 6.3 - 3　平板湍流边界层模拟结果统计分析

本章的 DES 模拟结果虽然给出了相应雷诺应力比较合理的垂向分布,但模拟精度存在一定的偏差,主要表现为流动脉动强度不足。提高计算网格分辨率及改善人工湍流生成有望进一步提高模拟精度。本章的 DES 模拟区域设置较短,仅局部采用 DES 模式,而大范围仍采用 RANS 模式,其目的在于探求局部 LES 模型应用于大尺度的带自由表面水流运动的高精度模拟的适用性。适当延长 DES 计算域,使得湍流自然充分发展,也有望进一步改善上述的模拟精度不足的缺陷。

6.3.2　非平底明渠水流的高精度模拟

对于局部地形变化较剧烈的带自由表面水流的流动,静压模型已然失效,非静压模型具有较优的模拟效果。针对 Balachandar et al. (2002)的物理模型实验设定的流动条件,RANS 模拟结果显示时均流动具有定常性。RANS 模型描述了平均流场的特征,包括局部流动分离、再附着等流动现象。若考察湍流运动的小尺度流场结构特征,DES 高精度模拟将可获得更加精细化的局部湍流场特征。小尺度的湍流涡动场具有明显的非定常性,而这些小尺度的涡结构在 RANS 模拟过程中被过滤掉了。深入探讨湍流场的小尺度涡结构,对于诸如局部物质输运的精细化过程等的研究具有重要意义。

Balachandar et al. (2002)在水槽中布置了一系列的沙丘地形,单个沙丘地形的几何参数如图 6.3 - 4 所示。选取流动充分发展后的某个独立的沙丘地形,在该流场范围内记录相应的流动变量,沿流向布置的测点位置如图 6.3 - 4 所示。

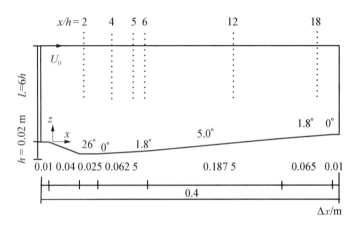

图 6.3 - 4   局部沙丘地形及流速测量点布置

本章数值模拟中设置了 5 个连续的沙丘地形,采用 DES 模型模拟水流流动。以来流的表面流速 U_0 和静水深 L 为特征流动参数,来流雷诺数 $Re = 5.7 \times 10^4$,弗劳德数 $Fr = 0.44$。沙丘局部的水平计算网格设置为 4 mm 的水平向均匀网格,垂直向网格尺度自床面向自由表面以 1.15 的比率逐渐延展。近床面第一个网格的格心距床面的无量纲高度约为 $1.6z^+$,该网格尺度满足无滑移的壁面条件。该算例采用的 DES 模型并未预设 RANS 和 LES 分界面,而是由计算网格尺度决定 RANS 和 LES 两个模式的空间转换,实现了 RANS 和 LES 的无缝衔接,即标准的 DES 模型(DES97)。同时,模拟过程中没有在来流中添加人工脉动流速。

湍流运动的脉动速度具有随机性,而 RANS 模型的时均化建模只可能计算得到时均流场。DES 高精度模拟较之 RANS 模拟而言,可获得更加精细化的湍流场涡结构的描述。DES 模拟获得了丰富的湍流运动信息,借助 Q 的等值云图,可以识别出丰富的湍流场的涡结构。图 6.3 - 5(a)绘出了 Q 的等值云图 ($Q = 10$),清晰地显示了湍流大涡拟序结构的演化。自上游第一个沙丘顶端流动发生分离,激发出湍流脉动,继而向下游逐渐发展。湍流运动逐渐充分发展,脉动强度逐渐增加。分别截取距离每个沙丘顶端波长(单个沙丘长度)的 10% 处的横断面,共提取了沿程 5 个截面的流场信息,可直观地展现出湍流运动的沿程演化[见图 6.3 - 5(b)]。

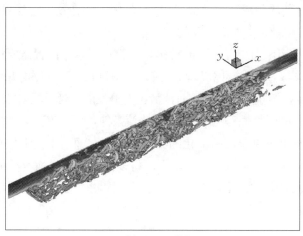

(a) $Q=10$云图

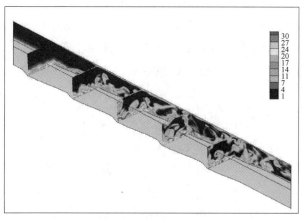

(b) 涡量沿流向的分布

图 6.3－5　湍流场涡结构

　　模拟结果展现的湍流场涡结构的沿程演化意味着在沙丘地形的约束条件下,湍流运动的充分发展需要经过一段空间距离。若仅采用单独的沙丘作为研究对象,通常需要在来流中添加人工脉动速度,或采用周期性边界条件,即将下游某断面内的湍流信息提取后叠加至入流边界条件。该算例模拟结果显示经过两个沙丘地形后,湍流运动已然接近充分发展。如果将上游局部地形视作物理扰动,在入流边界信息不含有脉动量的前提下,湍流运动的模拟精度将沿流向逐渐提高。取充分发展后的湍流场作为考察对象,可获得高精度的流场复演结果。当仅仅考察特征沙丘地形条件下的湍流运动特征时,额外增加前置系列的沙丘地形,增加了计算消耗,但降低了对来流信息需含有流速脉动量的依赖。

DES 作为一种局部精细化的数值模型,兼顾了计算效率与计算精度,可适当推广应用于大尺度带自由表面流动的数值模拟,如天然河流等。对于实际的河流,不规则岸线、非平坦床面均可视为流动扰动的物理因素。设置需要精细化模拟的区域为 DES 计算域,并将该计算域向上游适当地延长。不规则的几何约束诱导湍流脉动,可保证流动至重点考察区域时湍流已充分发展。延长段内的模拟精度虽然降低,但可为下游重点考察区域的模拟提供来流条件,使得其模拟精度得以保证。

DES 模型不仅可以获得精细化的湍流场瞬时信息,同时对模拟结果的统计分析也有助于对流动特征的进一步认识。将模拟得到的时均流场信息与实验测量值做定量化的对比分析,图 6.3-6 给出了不同测点处的流速测量值与模拟值的对比。分别采集第一、第三和第五个局部沙丘地形范围内的相应测点位置处的流速信息,即每个沙丘范围内的六个数据采集点具有与实验测量点相同的布置位置。选取的三个局部地形是相同的,但时均流速的模拟值存在差异。第一个沙丘计算单元内时均流速的模拟精度低于第三和第五个沙丘计算单元内的相应模拟值。来流湍流脉动量的不充分导致了上述的计算差异,随流而下,流动脉动量逐渐被激发,模拟精度逐渐得以提高。

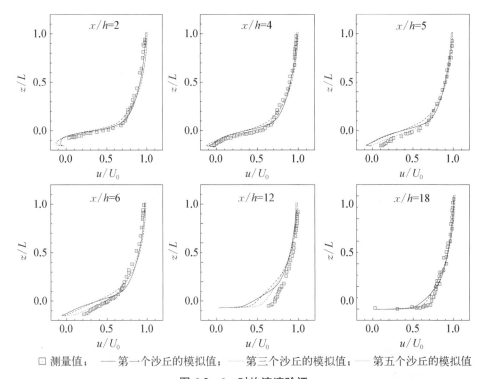

□ 测量值; —— 第一个沙丘的模拟值; ……… 第三个沙丘的模拟值; ……… 第五个沙丘的模拟值

图 6.3-6 时均流速验证

　　DES 模型由 RANS 和 LES 混合而成,其中 RANS 模式计算得到的雷诺应力由湍流模式的计算提供,而 LES 模式计算得到的雷诺应力除了模式化计算的部分外,其余大部分通过直接求解得到。通过对长时间序列的模拟结果做统计分析,雷诺应力的分布可直观地验证模型对于湍流运动模拟的精确程度。图 6.3－7 显示了模拟得到的雷诺应力与实验测量值的比较,计算值分别提取自第一、第三和第五个局部沙丘计算单元。六个测点的实验值与模拟值对比分析,结果显示第一个沙丘计算单元的模拟值精度较低,后续各个计算单元的模拟值

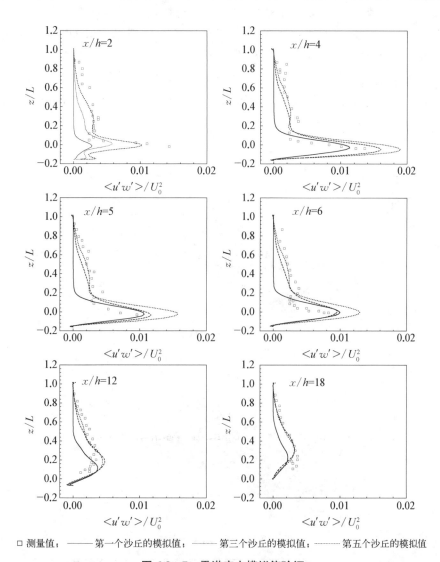

□ 测量值;　——第一个沙丘的模拟值;　———第三个沙丘的模拟值;……第五个沙丘的模拟值

图 6.3－7　雷诺应力模拟值验证

与实测值符合较好。对比结果再一次印证了入流条件,即入流的湍流脉动信息的丰富与否对模拟结果的影响。构造充分发展的湍流流场作为入流条件是DES模拟取得成功的重要条件之一。

对于沙丘地形条件下流动特征的模拟,设置一系列沙丘地形,显著增加了计算耗时。众多的数值模拟研究多针对单独沙丘地形展开,通过周期性边界条件或添加人工湍流脉动成分作为入流边界条件,从而提高模拟精度(Yue et al.,2005,2006)。采用前文所述湍流脉动流速的生成方法,在RANS和LES的交界面引入脉动流速,从而激发LES成分的快速生成。图6.3-8对比了LES入口处有无脉动流速引入条件下瞬时流场的模拟结果,瞬时Q的等值云图显示没有脉动速度引入,湍流的发展严重滞后。该现象对应于系列沙丘地形条件下的模拟中的上游第一个沙丘局部区域,其模拟精度较低。相较而言,LES入口处引入脉动激励作用后,湍流小尺度结构较快地得以发展[见图6.3-8(b)]。

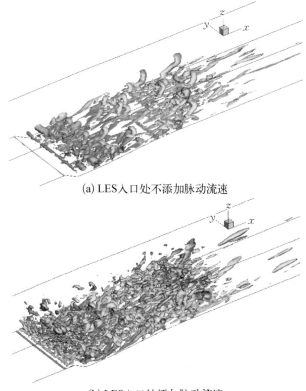

(a) LES入口处不添加脉动流速

(b) LES入口处添加脉动流速

图6.3-8 单独沙丘地形条件下湍流运动模拟($Q=10$,由涡量渲染)

　　LES 入流边界处湍流脉动成分的不足严重降低了模拟精度,这一点通过时均流动的对比分析可进一步获知。图 6.3 - 9 绘出了不同边界条件下的时均流场结构,可知入流边界没有脉动流速的引入,所模拟的时均流场明显失真[见图 6.3 - 9(a)]。入口边界引入脉动激励作用,获得了较精确的模拟结果[见图 6.3 - 9(b)]。无论是采用延长沙丘地形的方法还是在 LES 入口添加脉动流速,目的都是激发湍流的生成。图 6.3 - 10 的对比显示在系列沙丘地形条件下,下游的湍流运动充分发展。单独沙丘地形条件在添加了人工脉动激励作用后,湍流的演化接近于系列沙丘模拟中的下游流动状态。

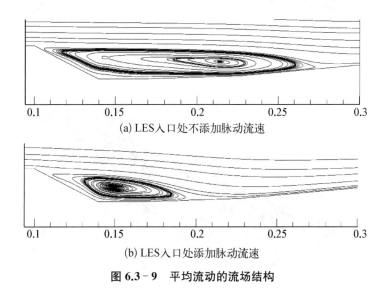

(a) LES 入口处不添加脉动流速

(b) LES 入口处添加脉动流速

图 6.3 - 9　平均流动的流场结构

6.3.3　非静压模型用于结构物局部绕流的精细化模拟

　　数值模拟实例表明非静压模型可用于水流绕结构物流动的模拟,结合高精度湍流模型,可进一步用于探讨结构物局部的精细化流动。以下算例针对带自由表面水流绕丁坝结构的数值模拟,进一步介绍非静压模型在精细化数值模拟中的应用及验证模型的适用性。

　　在天然河道、河口、湖泊等水域,丁坝是一种较常见的水利工程设施,广泛用于水利调控、水生态环境治理等工程(Engelhardt et al.,2004)。丁坝绕流的结构物几何特征并不复杂,但水流运动涵盖了局部流动分离、剪切层形成及演化、多样性的坝田区流动等基础问题。对于带自由表面水流运动,自由表面和固定床面作为水流运动的几何约束,影响着湍流场涡结构的时空演化。

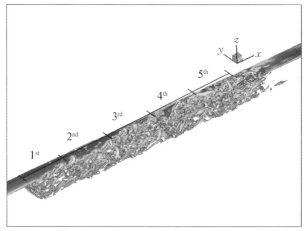

(a) 系列沙丘地形条件模拟结果

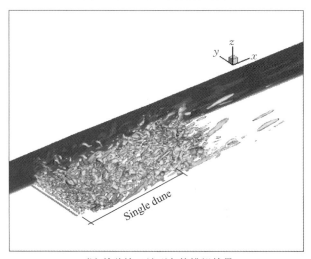

(b) 单独沙丘地形条件模拟结果

图 6.3 - 10　瞬时流场涡结构

　　绕丁坝水流的研究及工程应用意义主要集中在局部流态(Uijttewaal，2005；Jalali et al.，2018)、主流区与坝田区的物质交换(Uijttewaal et al.，2001；Weitbrecht et al.，2003)、结构物局部冲刷等方面(Mirzaei et al.，2019)。相关的研究工作中，数值模型被广泛应用。限定于实验室的物理模型尺度，Uijttewaal et al.(2004)建立了水深积分型的平面二维 LES 模型。Uijttewaal et al.(2004)、Hinterberger(2004)和 McCoy et al.(2006，2008)分别将完全三维 LES 模型应用于绕丁坝流动模拟。鉴于 LES 对计算资源的要求，其尚难应用于天然实尺度的工程应用。

DES 模型兼顾 RANS 的高效与 LES 的高精度,有望填补天然实尺度工程应用领域高精度数值模拟的空白。采用上述 DES 模型建立针对系列丁坝绕流的数值模型,进一步考察模型的有效性[详细内容可见 Zhang et al.(2020)的研究]。算例计算区域为平底主流区和斜坡坝田区的复合型明渠流动,其中平底处的静水深 $D=0.2$ m,水槽宽 7.5D,布置了 5 个系列丁坝(见图 6.3 - 11)。单丁坝长 3D,间距 9D,斜坡地形坡度 1:3。DES 模拟对于计算网格的分辨率有明确的要求,网格剖分如图 6.3 - 12 所示。床面采用无滑移边界条件,近床面第一层网格需要布置在黏性底层内。丁坝固壁的局部区域内计算网格的分辨率同样需要满足无滑移壁面边界条件的要求。DES 模型进入 LES 模式后,计算网格的分辨率需要满足 LES 的限制条件,才可有效地捕获湍流场的大涡结构。Hinterberger(2004)建议在明渠流动的 LES 应用中,采用 $(1/20 \sim 1/10)D$ 的网

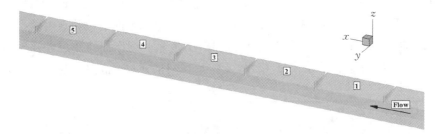

图 6.3 - 11 丁坝绕流计算域及地形

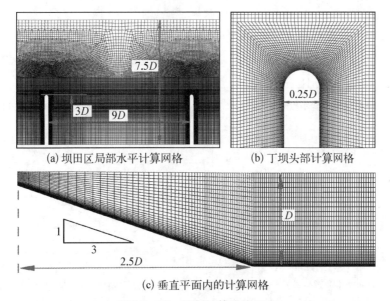

(a) 坝田区局部水平计算网格 (b) 丁坝头部计算网格

(c) 垂直平面内的计算网格

图 6.3 - 12 局部计算网格剖分

格分辨率,即可有效捕获以水深为特征尺度的明渠流动的大涡结构。

DES 模型的实际应用所采用的网格尺度不仅需要考虑几何分辨率,同时需要考虑 RANS 和 LES 的分区界限。典型的 DES 模型以网格尺度确定计算区域由 RANS 至 LES 的转换,合理的区域划分是数值模拟精度的重要保障。选取单独丁坝头部区域,校验计算网格的分辨率。验证位置的选取如图 6.3－13(a)所示,其中以坝头为坐标原点,分别沿 x 和 y 坐标方向选取考察点。结构物近壁网格分辨率在保证几何高分辨的前提下,还需要满足无滑移边界条件的要求。围绕坝头半圆形位置处的近壁计算网格分辨率如图 6.3－13(b)所示,显示了近壁第一层计算网格的分辨率均保证了网格格心位于黏性底层,即近似小于 3 个壁面高度($\Delta_n^+ < 3$)。RANS 和 LES 的计算域分界位置的统计结果如图6.3－13(b)所示。针对丁坝头部的计算网格分辨率而言,RANS 和 LES 分界位置过于靠近壁面,标准的 DES 会存在严重的 MSD 问题,可采用优化模型改善数值模拟精度,如 DDES、ZDES 等模型。在选定的 x 和 y 坐标方向的校验点处验证网格分辨率,结果如图 6.3－13(c)和图 6.3－13(d)所示。近床面第一层计算网格的垂向尺度均小于黏性底层高度($z^+ < 5$),计算网格分辨率满足无滑移边界条件

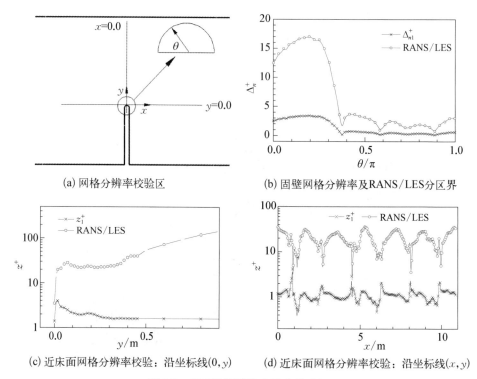

(a) 网格分辨率校验区

(b) 固壁网格分辨率及RANS/LES分区界

(c) 近床面网格分辨率校验:沿坐标线$(0,y)$

(d) 近床面网格分辨率校验:沿坐标线(x,y)

图 6.3－13　计算网格分辨率的验证

的要求。RANS 和 LES 的分界位置位于 $z^+ \approx 30$，对于标准的 DES 模型（如 DES97），该网格尺度偏小，需要采用改进模型以克服 MSD 问题。

DES 高精度模型较之 RANS 模型，可用于模拟湍流运动的精细化流场结构。湍流运动的涡结构研究有助于研究绕丁坝水流局部泥沙运动、主流区与坝田区的物质交换过程等问题。模拟结果显示系列丁坝绕流场表现出空间的周期性，即涡结构沿流向在每个局部坝田区近似重复出现（见图 6.3-14）。水流经过上游第一个丁坝坝头，局部湍流场结构剧烈变化。水流流经下游各丁坝坝头，局部流场结构变化有所减缓。流场向下游演化，很快得以充分发展。

图 6.3-14　丁坝绕流的流场涡结构（$Q=10$，由涡量强度值渲染）

湍流沿流向的发展过程也可通过湍动能的空间分布获知，图 6.3-15 绘出了中水深平面内的瞬时和时均湍动能的分布。除绕首个丁坝的局部水流湍动能的强度明显较高外，下游流动逐渐充分发展。与前文所述的系列沙丘地形的水

(a) 中水深平面内的瞬时涡量

(b) 中水深平面内的时均涡量

图 6.3-15　流场涡量的沿程演化

流运动模拟类似,若仅研究丁坝绕流,只需以单独丁坝结构为研究对象,无须设置系列丁坝结构。但对 DES 模型而言,充分发展的来流,即湍流脉动量的丰富与否,影响着数值模拟的精度。而设置系列丁坝单元结构,可以物理约束条件促发湍流脉动量,从而代替人工合成的湍流脉动量,降低数值模拟对入流条件的依赖性。

系列丁坝绕流场沿流向的涡结构具有周期性,选取某个坝田区单元分析特征涡的结构(见图 6.3-16)。不同于圆柱类钝体绕流,绕丁坝水流为坝头单侧的分离流动,涡街形式不同。自由表面的纵横沟壑结构意味着特殊的涡结构存在于自由表面之下。绕出水丁坝的湍流流动,流动沿垂向具有明显的差异[见图6.3-16(b)]。近表面流场有明显的"项链"型涡(necklace vortex,NV);自由表面以下,典型的分离涡(shedding vortex,SV)逐渐显现;近床面出现"马蹄"型涡(horseshoe vortex,HV)。自由表面和固定床面作为约束边界制约着涡系的垂向发展,随着水深的增加,远离固定床面和自由表面的分离涡将得以充分发展。

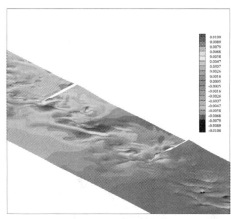
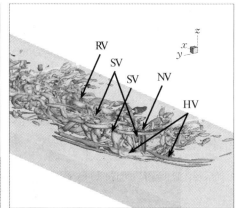

(a) 瞬时自由表面形态　　　　　　　(b) 丁坝局部涡系

图 6.3-16　局部绕流的流场涡结构特征

DES 模型可模拟瞬时湍流场的精细涡结构,也可将长时间序列的流场模拟结果进一步做统计分析,获得关于时均流动特征的描述。图 6.3-17(a)描述了时均的流线分布,各条流线的起始点均位于丁坝群上游,布置在不同的水深处。时均流动显示了长时间湍流运动的平均效应,控制着水流运动能量的空间分布、物质输运的"主"方向。称其为"主"方向,是指相对于湍流随机脉动而言,统计平均值对于物质输运具有主导作用。对于该研究算例的设定条件,时均流场结构

显示坝田区的流场结构沿流向不尽相同。图 6.3 - 17(a)显示了第一、第三和第
五个坝田区的流场结构类似,而第二和第四个坝田区的流场结构类似,即时均流
动沿流向具有一定的重复性。提取第三个坝田区的局部流场信息,以时均流场
的流线直观显示其流场结构,如图 6.3 - 17(b)所示。坝田区的时均流场出现了
两个大小相异的环流结构,大的环流占据了大部分空间,而小的环流则存在于内
角处。坝田区的环流结构并非水平面内的二维流动,而是具有明显的垂向分布。
图中箭头显示环流具有一定的螺旋性,大环流自下向上,而小的环流流向为自上
向下。提取某一流线,可以给出更加清晰的时均环流场的空间特征。时均流场
为定常流场,流线与迹线重合,可以借助流线探讨水质点轨迹,或水体中可溶物
质的输运路径。上游水质点进入当前坝田区,设定的考察点位于中部水深处。
该流体质点逐渐运动至自由表面,并向坝田区内侧运动,后沿内侧岸壁回流。当
该流体质点迫近上游侧丁坝时,脱离壁面,并在接触丁坝壁面后,沿反向运动,同
时迫近底床面。该流体质点最终从下部水体离开当前坝田区。上述流体质点的
运动轨迹虽然与质点起始位置的选择有关,但代表了该流动的主要特征,阐述了
主流区与坝田区的物质交换过程。

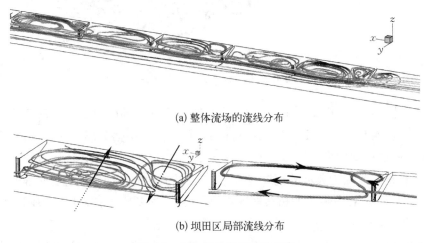

(a) 整体流场的流线分布

(b) 坝田区局部流线分布

图 6.3 - 17　时均流场流线分布

　　本算例的丁坝结构布置在一个坡度为 1∶3 的斜坡上,不同于平底情况,流
动具有明显的沿水深方向的不均匀性。提取第三个坝田区中部垂直于主流向的
截面,绘制流场结构,如图 6.3 - 18 所示。图 6.3 - 18(a)和(b)绘出了该断面内的
瞬时流场结构,分别以流线和速度矢量显示。瞬时流场呈现出众多的小涡结构,
强度各异。将流动做时均统计分析,时均流速矢量分布如图 6.3 - 18(c)所示。

时均流场显示该断面内的流动形成了两个相反方向的流向涡,即图中视角所观察到的靠近主流区的顺时针大涡和坝田区内侧的逆时针小涡。断面内的流动为相对于航槽主流的二次流。两个反向的流动在床面上汇聚,出现近似的流动驻点。之所以称为"近似",是因为该点处的流向速度并不为零,仅指断面内该二次流动的"驻点"。该流动形成的局部环流决定着水体内物质的输运路径,坝田区外侧和内侧水体中的物质均可能在该点附件沉降。对于可冲淤的床面,该点可能形成隆起的沙坝,而两侧可能出现局部的床面冲刷。这一结论仅依据流场分析,尚未有泥沙运动模拟结果加以验证。

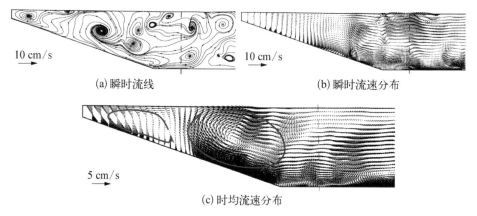

(a) 瞬时流线   (b) 瞬时流速分布

(c) 时均流速分布

图 6.3 - 18   横断面内的流场结构

上述带自由表面水流绕丁坝群、陡变地形条件下的明渠流动等算例验证了 DES 模型的适用性。DES 模型建立的初衷是数值模拟强分离流动,目前已经获得了很好的应用效果。钝体绕流是一类典型的强分离流动,在环境水动力学研究中,植被水流即为典型的钝体绕流,关于该类流动的特征研究有着明确的应用背景。基于 RANS 模型的植被群透水数值模拟,通常将植被群以有限刚性柱群建模,得到了较广泛的应用。借助 DES 模型,可进一步发掘相关流动的精细化流场特征,为深入地研究诸如泥沙输移、营养物迁移转化等环境问题提供强有力的研究工具。

本文针对相关的物理模型实验条件,采用 DES 模型进行了柱群绕流的数值模拟,验证模型的适用性。图 6.3 - 19 统计了单一柱面第一层计算网格的尺度和依据网格尺度而确定的 RANS 和 LES 模拟域的分界面位置,验证了计算网格分辨率可以满足模拟要求。DES 模型的模拟精度借助实验测量进行验证,无论时均流速还是脉动流速均得到了较好的模拟结果(见图 6.3 - 20)。

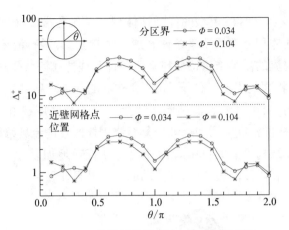

图 6.3 - 19　计算网格尺度 Δ_n^+ 的分辨率校验

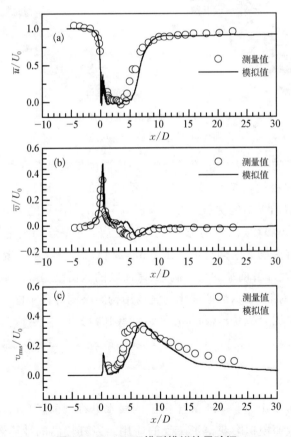

图 6.3 - 20　DES 模型模拟结果验证

（a）沿 $y=0$ 的平均流速 $\bar{u}$；（b）沿 $y=0.5D$ 的平均流速 $\bar{v}$；
（c）沿 $y=0$ 的脉动流速 v_{rms}

DES 模型较之 RANS 模型的优越性体现在精细化湍流场结构的复演。针对两个不同固体体积分数的计算条件开展数值模拟,并进行流场结构特征的对比分析。柱群绕流的流场结构特征与来流条件和柱群几何特征密切相关。以柱群尾流场为例,相同的来流条件下,低密度柱群的水流透射性较强,尾流区受柱群遮蔽影响较弱,大尺度的涡街结构不明显。对于高密度柱群,水流透射性较弱,尾流场随着柱群密度的增加逐渐恢复至绕固体圆柱的流场结构,即典型的涡街结构。尾流场结构可借助自由表面几何特征直观地加以分析,如图 6.3-21 所示为瞬时自由表面及流场结构,其流动的差异性显而易见。

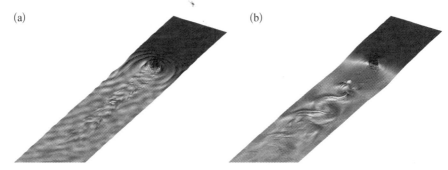

(a) (b)

图 6.3 - 21 瞬时自由表面及流场结构

(a) $\Phi=0.034$;(b) $\Phi=0.104$

对于湍流场的某些大尺度流场结构,如柱群绕流的涡街运动,RANS 模型也可获得较精准的数值模拟结果。但对于精细化的小尺度涡结构的捕获,则是 DES 等高精度数值模拟的优势所在。在图 6.3-21 所展示的自由表面的空间演化中,精细化的小涡掺杂于大尺度的涡结构之内。进一步可通过绘制 Q 的等值云图获知绕柱群流场的结构特征。图 6.3-22(a)和(c)绘出了绕柱群流动的完整流场结构,涉及柱群前端的马蹄涡系、尾流区的涡街结构等。图 6.3-22(b)和(d)聚焦于柱群内部,显示了精细化的流场结构。不同计算条件下的流场特征可通过进一步的对比分析获知(Zhang et al.,2019a)。

6.4 小结

静压模型传统上是指基于静压假定的浅水方程,其在河流、海洋、湖泊等地表水流运动的数值模拟中获得了广泛的应用。以其较高的计算效率,静压模型可适用于大尺度水流运动的模拟。然而随着计算域空间分辨率提高的需求,对于复杂约束条件下的地表水流运动的模拟,静压模型的模拟精度已然受到限制。

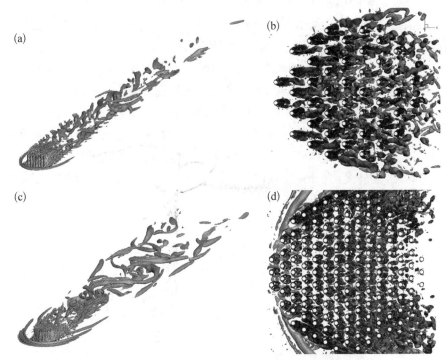

图 6.3 - 22　瞬时流场涡结构，$Q(=0.2)$ 的等值面云图(由涡量强度值渲染)
(a) $\Phi=0.034$；(b) $\Phi=0.034$；(c) $\Phi=0.104$；(d) $\Phi=0.104$

非静压模型发展于静压模型，同时利用了若干静压模型求解的数值方法，如水位函数捕捉自由表面技术等。非静压模型在具有较高计算效率的同时，还极大地提高了模型的适用性及模拟精度。

关于非静压模型，以往的大量研究主要集中在海岸带的水波问题的研究。但通过考察非静压模型的理论基础，可知其适用性并非局限于此。本章通过设定的计算算例，主要涉及绕结构物流动、陡变地形约束下的流动等，验证了非静压模型的适用性。

目前，高精度数值模拟技术快速发展。结合相应的湍流模型及高精度数值方法，非静压模型具有较大的应用空间。本章介绍了基于非静压模型的高精度数值模拟技术，即 DES 模型。通过对平板边界层的湍流运动模拟，验证了模型在高精度湍流模拟方面性能良好。通过对陡变地形约束下的明渠流动模拟，验证了 RANS/LES 分区耦合模型的适用性。特别对于天然河流等带自由表面水流运动的研究，鉴于空间尺度巨大，可将重点考察区域设置为 LES 模拟域从而降低计算消耗，推进高精度数值模拟的工程应用。通过绕结构物水流运动的模拟算例验证了非静压模型在高精度数值模拟方面的适用性及模拟精度。

数值模拟是水流运动研究的重要技术手段,伴随着基础理论的发展及现代高性能计算硬件的快速更新,可大体上归为"三高"目标。

(1) 高完备:基本控制方程的完整性,降低模式化成分;

(2) 高精度:时空高分辨率、多尺度物理过程直接模拟;

(3) 高效性:基于现代异构型计算平台的并行计算。

非静压模型较之水力学等研究中常采用的静压模型,建模基础更加完备;结合高精度湍流模拟,如 DNS、LES 和 DES 等,推动地表水流运动模拟由"粗犷型"向"精细型"转变;充分利用现代计算硬件资源,提高模拟效率,将极大地推动地表水流运动高精度数值模拟的工程应用。

参考文献

车海鸥,王凯,张景新,2016.带自由表面水流与颗粒离散元耦合模型研究[J].计算力学学报,33(5):747-752.

窦振兴,杨连武,OzerJ,1993.渤海三维潮流数值模拟[J].海洋学报(中文版),15(5):1-15.

韩国其,汪德爟,许协庆,1990.潮汐河口三维水流数值模拟[J].水利学报,12(6):54-60.

李孟国,1996.伶仃洋三维流场数值模拟[J].水动力学研究与进展(A辑),11(3):342-351.

李子龙,寇军,张景新,2016.明渠条件下单丁坝绕流特征的数值模拟[J].计算力学学报,33(2):245-251.

刘恒,张景新,胡天群,2016.非淹没圆柱群局部水流场特征分析[J].水动力学研究与进展(A辑),31(2):161-170.

卢启苗,1995.海岸河口三维潮流数学模型[J].海洋工程,13(4):47-60.

欧特尔,等,2008.普朗特流体力学基础:第11版[M].朱自强,钱翼稷,李宗瑞,译.北京:科学出版社.

普朗特,奥斯瓦提奇,维格哈特,2016.流体力学概论[M].郭永怀,陆士嘉,译.北京:科学出版社.

钱晨程,张景新,2018.截面形状对局部马蹄涡影响的数值研究[J].水动力学研究与进展(A辑),33(5):601-608.

宋志尧,薛鸿超,严以新,等,1998.潮汐动力场准三维值模拟[J].海洋工程,16(3):54-61.

吴梦瑶,张景新,2019.基于多孔介质模型的有限柱群绕流模拟[J].水动力学研究与进展(A辑),34(4):467-474.

吴耀祖,2001.水波动力学研究进展[J].力学进展,31(3):327-343.

杨骐,梁东方,张景新,等,2018.刚性挺水植物群落三维尾流流场特征分析[J].水动力学研究与进展(A辑),33(4):420-427.

易家豪,叶雪祥,1983.长江口南港航道三维水流数值模拟[C].第二届河流泥沙国际学术会议论文集.

余锡平,2012.近岸水波的解析理论[M].北京:科学出版社.

张兆顺,崔桂香,许春晓,2008.湍流大涡数值模拟的理论和应用[M].北京:清华大学出版社.

Abbott M B, 1979. Computational hydraulics: element of the theory of free surface flows[M]. London: Pitman Publishing.

Abbott M B, 1997. Range of tidal flow modeling[J]. Journal of Hydraulic Engineering, 123(4): 255-277.

Alcrudo F, Garcia Navarro P A, 1993. A high-resolution Godunov-type scheme in finite volumes for the 2-d shallow water equations[J]. International Journal for Numerical Methods in Fluids, 16: 489 - 505.

Andersen O H, Fredsøe J, 1983. Transport of suspended sediment along the coast[R]. Techn University of Denmark.

Bai Y F, Cheung K F, 2012. Depth-integrated free-surface flow with a two-layer non-hydrostatic formulation[J]. International Journal for Numerical Methods in Fluids, 69: 411 - 429.

Bai Y F, Cheung K F, 2013. Depth-integrated free-surface flow with parameterized non-hydrostatic pressure[J]. International Journal for Numerical Methods in Fluids, 71: 403 - 421.

Balachandar R, Polatel C, Hyun B-S, et al., 2002. LDV, PIV, and LES investigation of flow over a fixed dune[C]. Proc., Symp., 171 - 178.

Batchelor G K, 1967. An introduction to fluid dynamics[M]. Cambridge University Press.

Beji S, Battjes J A, 1993. Experimental investigation of wave propagation over a bar[J]. Elsevier, 19: 151 - 162.

Bonneton P, Chazel F, Lannes D, et al., 2011. A splitting approach for the fully nonlinear and weakly dispersive Green-Naghdi model[J]. Journal of Computational Physics, 230(4): 1479 - 1498.

Borthwick A G, Barber R W, 1992. River and reservoir flow modeling using the transformed shallow water equations[J]. International Journal for Numerical Methods in Fluids, 14: 1193 - 1217.

Breuer M, Jovičić N, Mazaev K, 2003. Comparison of DES, RANS and LES for the separated flow around a flat plate at high incidence[J]. International Journal for Numerical Methods in Fluids, 41: 357 - 388.

Briggs M J, Synolakis C E, Harkins G S, et al., 1995. Laboratory experiments of tsunami runup on a circular island[J]. Pure and Applied Geophysics PAGEOPH, 144(3 - 4): 569 - 593.

Bunge U, Mockett C, Thiele F, 2007. Guidelines for implementing detached-eddy simulation using different models[J]. Aerospace Science and Technology, 11: 376 - 385.

Cartwright D E, 1999. Tides: a scientific history[M]. New York: Cambridge University Press.

Casulli V, 1998. Numerical simulation of 3D quasi-hydrostatic free-surface flows[J]. Journal of Hydraulic Engineering, 124(7): 678 - 686.

Casulli V, Cattani E, 1994. Stability, accuracy and efficiency of a semi-implicit method for three-dimensional shallow water flow[J]. Computers and Mathematics with Applications, 27(4): 99 - 112.

Chang K, Constantinescu G, 2015. Numerical investigation of flow and turbulence structure through and around a circular array of rigid cylinders[J]. Journal of Fluid Mechanics, 776: 161 - 199.

Chao X B, Shankar N J, Cheong H F, 1999. A three-dimensional multi-level turbulence model for tidal motion[J]. Ocean Engineering, 26: 1023 – 1038.

Chen X J, 2003. A fully hydrodynamic model for three-dimensional free-surface flows[J]. International Journal for Numerical Methods in Fluids, 42: 929 – 952.

Cox D T, 1995. Experimental and numerical modeling of surf zone hydrodynamics [D]. Newark: University of Delaware.

Cui H Y, Pietrzak J D, Stelling G S, 2014. Optimal dispersion with minimized Poisson equations for non-hydrostatic free surface flows[J]. Ocean Modelling, 81: 1 – 12.

Dalrymple R A, 1988. Model for refraction of water waves[J]. Journal of waterway, Port, Coastal, and Ocean Engineering, 114(4): 423 – 435.

Dalrymple R A, Kirby J T, Hwang P A, 1984. Wave diffraction due to areas of energy dissipation[J]. Journal of Waterway, Port, Coastal, and Ocean Engineering, 110(1): 67 – 79.

Dargahi B, 1989. The turbulent flow field around a circular cylinder[J]. Experiments in Fluids, 8(1 – 2): 1 – 12.

Darwish M S, Moukalled F, 2003. TVD schemes for unstructured grids[J]. International Journal of heat and Mass Transfer, 46: 599 – 611.

Davies A G, Ribberink J S, Temperville A, et al., 1997. Comparisons between sediment transport models and observations made in wave and current flows above plane beds[J]. Coastal Engineering, 31: 163 – 198.

Davies A M, Jones J E, Xing J, 1997. Review of recent developments in tidal hydrodynamic modeling, I: special models[J]. Journal of Hydraulic Engineering, 123(4): 278 – 290.

Dean R G, 1970. Relative validities of water wave theories[J]. Journal of Waterway, Port, Coastal, and Ocean Engineering, 96: 105 – 119.

Dean R G, Dalrymple R A, 1992. Water wave mechanics for engineers and scientists[M]. World Scientific Publishing.

Deck S, 2005a. Numerical simulation of transonic buffet over a supercritical airfoil[J]. AIAA Journal, 43(7): 1556 – 1566.

Deck S, 2005b. Zonal-detached eddy simulation of the flow around a high-lift configuration[J]. AIAA Journal, 43(11): 2372 – 2384.

Deck S, 2012. Recent improvements in the zonal detached eddy simulation (ZDES) formulation[J]. Theoretical and Computational Fluid Dynamics, 26: 523 – 550.

Dumbser M, Käser M, 2006. Arbitrary high order non-oscillatory finite volume schemes on unstructured meshes for linear hyperbolic systems[J]. Journal of Computational Physics, 221: 693 – 723.

Engelhardt C, Kruger A, Sukhodolov A, et al., 2004. A study of phytoplankton spatial distributions, flow structure and characteristics of mixing in a river reach with groynes[J]. Journal of Plankton Research, 26(11): 1351 – 1366.

Fringer O B, Gerritsen M, Street R L, 2006. An unstructured-grid, finite-volume, nonhydrostatic, parallel coastal ocean simulator[J]. Ocean Modelling, 14(3): 139 - 173.

Glaister P, 1998. Approximate Riemann solutions of the shallow water equations[J]. Journal of Hydraulic Research, 26: 293 - 306.

Grimshaw R, 1971. The solitary wave in water of variable depth II[J]. Journal of Fluid Mechanics, 46: 611 - 622.

Haney R L, 1991. On the pressure gradient force over steep topography in sigma coordinate ocean models[J]. Journal of Physical Oceanography, 21: 610 - 619.

Harlow F, Welch J, 1965. Numerical calculation of time-dependent viscous incompressible flow of fluid with free surface[J]. The Physics of Fluids, 8(12): 2182 - 2189.

Haselbacker A, Blazek J, 2000. Accurate and efficient discretization of Navier-Stokes equations on mixed grids[J]. AIAA Journal, 38(11): 2094 - 2102.

Hasselmann K, Barnett T P, Bouws E, et al., 1973. Measurements of wind-wave growth and swell decay during the Joint North Sea Wave Project (JONSWAP)[R]. Dtsch. Hydrogr. Z., Suppl. 12: A8.

Helmholtz H V, 1888. Uber atomspharische bewegungen[M]. Berlin: S. Bar. Preuss. Akad. Wiss.

Henrick A K, Aslam T D, Powers J M, 2005. Mapped weighted essentially non-oscillatory schemes: achieving optimal order near critical points[J]. Journal of Computational Physics, 207(2): 542 - 567.

Hinterberger C, 2004. Three-dimensional and depth-average large eddy simulation of shallow water flows[D]. Karlsruhe: Karlsruhe University.

Hirt C W, Nichols B D, 1981. Volume of Fluid (VOF) Method for the dynamics of free boundaries[J]. Journal of Computational Physics, 39(1): 201 - 225.

Holthuijsen L H, Herman A, Booij N, 2003. Phase-decoupled refraction-diffraction for spectral wave models[J]. Coastal Engineering, 49(4): 291 - 305.

Hsiao S C, Lin T C, 2009. Tsunami-like solitary waves impinging and overtopping an impermeable seawall: experiment and RANS modeling[J]. Coastal Engineering, 57(1): 1 - 18.

Huang W, Spaulding M, 1996. Modeling horizontal diffusion with sigma coordinate system[J]. Journal of Hydraulic Engineering, 122(6): 349 - 352.

Huang W, Spaulding M, 2002. Reducing horizontal diffusion errors in σ-coordinate coastal ocean models with a second order Lagrangian-interpolation finite-difference scheme[J]. Ocean Engineering, 29: 495 - 512.

Jalali M M, Borthwick A G L, 2018. Tracer advection in a pair of adjacent side-wall cavities, and in a rectangular channel containing two groynes in series [J]. Journal of Hydrodynamics, 30(4): 564 - 572.

Jankowski J A, 1999. A non-hydrostatic model for free surface flows [D]. Hannover: University of Hannover.

Jarrin N, Benhamadouche S, Laurence D, et al., 2006. A synthetic-eddy-method for generating inflow conditions for large-eddy simulations[J]. International Journal of Heat and Fluid Flow, 27(4): 585 – 593.

Jiang G S, Shu C W, 1996. Efficient implementation of weighted ENO schemes[J]. Journal of Computational Physics, 126(1): 202 – 228.

Kazemi E, Nichols A, Tait S, et al., 2017. SPH modelling of depth-limited turbulent open channel flows over rough boundaries[J]. International Journal for Numerical Methods in Fluids, 83(1): 3 – 27.

Keating A, Piomelli U, 2006. A dynamic stochastic forcing method as a wall-layer model for large-eddy simulation[J]. Journal of Turbulence, 7(12): 1 – 24.

Kennedy A B, Chen Q, Kirby J T, et al., 2000. Boussinesq modeling of wave transformation, breaking, and runup. I: 1D [J]. Journal of Waterway, Port, Coastal, and Ocean Engineering, 126(1): 39 – 47.

Kocyigit M B, Falconer R A, Lin B, 2002. Three-dimensional numerical modeling of free surface flows with non-hydrostatic pressure [J]. International Journal for Numerical Methods in Fluids, 40: 1145 – 1162.

Laitone E V, 1960. The second approximation to cnoidal and solitary waves[J]. Journal of Fluid Mechanics, 9: 430 – 444.

Leendertse J J, 1973. A three-dimensional model for estuaries and coastal seas[R]. The Rand Corporation.

Li B, Fleming C A, 2001. Three-dimensional model of Navier-Stokes equations for water waves[J]. Journal of Waterway, Port, Coastal, and Ocean Engineering, 127(1): 16 – 25.

Liu X D, Osher S, Chan T, 1994. Weighted essentially non-oscillatory schemes[J]. Journal of Computational Physics, 115: 200 – 212.

Lé Méhauté B, 1976. An introduction to hydrodynamic and water waves[M]. Dusseldorf: Springer-Verlag.

Ma G F, Shi F Y, Hsiao S C, et al., 2014. Non-hydrostatic modeling of wave interactions with porous structures[J]. Coastal Engineering, 91: 84 – 98.

Madsen P A, Sørensen O R, 1992. A new form of the Boussinesq equations with improved linear dispersion characteristics. Part 2: a slowly-varying bathymetry [J]. Coastal Engineering, 18(3 – 4): 183 – 204.

Madsen P A, Sørensen O R, Schäffer H A, 1997. Surf zone dynamics simulated by a Boussinesq type model. Part I: model description and cross-shore motion of regular waves [J]. Coastal Engineering, 32(4): 255 – 287.

Mahadevan A, Oliger J, Street R, 1996. A nonhydrostatic mesoscale ocean model. Part II: numerical implementation[J]. Journal of Physical Oceanography, 26(9): 1881 – 1900.

Marcel Z, Stelling G S, 2005. Further experiences with computing non-hydrostatic free-surface flows involving water waves[J]. International Journal for Numerical Method in Fluids, 48: 169 – 197.

McCoy A, Constantinescu G, Weber L J, 2006. Exchange processes in a channel with two vertical emerged obstructions[J]. Flow, Turbulence and Combustion, 77(1 – 4): 97 – 126.

McCoy A, Constantinescu G, Weber L J, 2008. Numerical investigation of flow hydrodynamics in a channel with a series of groynes[J]. Journal of Hydraulic Engineering, 134(2): 157 - 172.

Mei C C, 1992. The applied dynamics of ocean surface waves[M]. Singapore: World Scientific.

Mellor G L, Blumberg A F, 1985. Modeling vertical and horizontal diffusivities with the sigma coordinate system[J]. Monthly Weather Review, 113: 1379 - 1383.

Miles J W, 1957. On the generation of surface waves by shear flows[J]. Journal of Fluid Mechanics, 3: 185 - 204.

Mirzaei H, Heydari Z, Fazli M, 2019. Predicting the scour around open groyne using different models of turbulence and vortices flow in variety of open and close groyne[J]. Modeling Earth Systems and Environment, 5(1): 101 - 118.

Miyata H, 1986. Finite-difference simulation of breaking waves[J]. Journal of Computational Physics, 65: 179 - 214.

Muir Wood A M, 1969. Coastal hydraulics[M]. London: Mac Millon.

Nakayama T, Mori M, 1996. An Eulerian finite element method for time-dependent free surface problems in hydrodynamics[J]. International Journal for Numerical Methods in Fluids, 22: 175 - 194.

Nezu I, Sanjou M, 2008. Turbulence structure and coherent motion in vegetated canopy open-channel flows[J]. Journal of Hydro-environment Research, 2: 62 - 90.

Nicolle A, Eames I, 2011. Numerical study of flow through and around a circular array of cylinders[J]. Journal of Fluid Mechanics, 679: 1 - 31.

Nwogu O, 1993. An alternative form of the Boussinesq equations for modeling the propagation of waves from deep to shallow water[J]. Journal of Waterway, Port, Coastal, and Ocean Engineering, 119(60): 618 - 638.

Ohyama T, Beji S, Battjes J A, 1994. Experimental verification of numerical model for nonlinear wave evolutions [J]. Journal of Waterway, Port, Coastal, and Ocean Engineering, 20(6): 637 - 644.

Okamoto T, Nezu I, 2010. Large eddy simulation of 3-D flow structure and mass transport in open-channel flows with submerged vegetations [J]. Journal of Hydro-environment Research, 4: 185 - 197.

Owen S J, Staten M L, Canann S A, et al., 1999. Q-morph: an indirect approach to advancing front quad meshing [J]. International Journal for Numerical Methods in Engineering, 44: 1317 - 1340.

Pamiès M, Weiss P, Garnier E, et al., 2009. Generation of synthetic turbulent inflow data for large eddy simulation of spatially evoluting wall-bounded flows[J]. Physics of Fluids, 21, 045103 - 1 - 15.

Patankar S V, Spalding D B, 1972. A calculation procedure for heat, mass and momentum transfer in three-dimensional parabolic flows[J]. International Journal of Heat Mass Transfer, 15: 1787.

Peregrine D H, 1967. Long waves on a beach[J]. Journal of Fluid Mechanics, 27 (4):

815 – 827.

Phillips N A, 1957. A coordinate system having some special advantages for numerical forecasting[J]. Journal of Meteorology, 14: 184 – 185.

Phillips O M, 1957. On the generation of waves by turbulent wind[J]. Journal of Fluid mechanics, 2: 417 – 445.

Rhie C M, Chow W L, 1983. Numerical study of the turbulent flow past an airfoil with trailing edge separation[J]. AIAA Journal, 21: 1525 – 1532.

Rijnsdorp D P, Hansen J E, Lowe R J, 2018. Simulating the wave-induced response of a submerged wave-energy converter using a non-hydrostatic wave-flow model[J]. Coastal Engineering, 140: 189 – 204.

Rijnsdorp D P, Smit P B, Zijlema M, et al., 2017. Efficient non-hydrostatic modelling of 3D wave-induced currents using a subgrid approach[J]. Ocean Modelling, 116: 118 – 133.

Sagaut P, 1998. Large eddy simulation for incompressible flows [M]. Springer Berlin Heidelberg.

Sagaut P, Deck S, Terracol M, 2013. Multiscale and multiresolution approaches in turbulence [M]. 2nd Edition. Imperial College Press.

Schäffer H A, Madsen P A, 1995. Further enhancements of Boussinesq-type equations[J]. Coastal Engineering, 26: 1 – 14.

Schäffer H A, Madsen P A, Deigaard R, 1993. A Boussinesq model for waves breaking in shallow water[J]. Coastal Engineering, 20: 185 – 202.

Scotti A, Mitran S, 2008. An approximated method for the solution of elliptic problems in thin domains: application to nonlinear internal waves[J]. Ocean Modelling, 25: 144 – 153.

Shanker N J, Cheong H F, Sankaranarayanan S, 1997. Multilevel finite-difference model for three-dimensional hydrodynamic circulation[J]. Ocean Engineering, 24(9): 785 – 816.

Sheng Y P, 1987. On modeling three-dimensional estuarine and marine hydrodynamics[M].// Three-dimensional model of marine and estuarine dynamics. Elsevier Science Publishers: 35 – 54.

Shur K L, Spalart P R, Strelets M K, et al., 2008. A hybrid RANS-LES approach with delayed-DES and wall-modelled LES capabilities[J]. International Journal of Heat and Fluid Flow, 29: 1638 – 1649.

Smit P, Janssen T, Holthuijsen L, et al., 2014. Non-hydrostatic modeling of surf zone wave dynamics[J]. Coastal Engineering, 83: 36 – 48.

Spalart P R, 2001. Young-person's guide to detached-eddy simulation grids[R]. NASA/CR – 2001 – 211032.

Spalart P R, 2009. Detached-eddy simulation[J]. Annual Review of Fluid Mechanics, 41: 181 – 202.

Spalart P R, Deck S, Shur M L, et al., 2006. A new version of detached-eddy simulation, resistant to ambiguous grid densities[J]. Theoretical and Computational Fluid Dynamics, 20(3): 181 – 195.

Spalart P R, Jou W-H, Strelets M, et al., 1997. Comments on the feasibility of LES for wings, and on a hybrid RANS/LES approach[M]. Greyden Press.

Stansby P K, 1997. Semi-implicit finite volume shallow-water flow and solute transport solver with $\kappa - \varepsilon$ turbulence model[J]. International Journal for Numerical Methods in Fluids, 25: 285 - 313.

Stansby P K, Zhou J G, 1998. Shallow-water flow solver with non-hydrostatic pressure: 2D vertical plane problems[J]. International Journal for Numerical Methods in Fluids, 28: 541 - 563.

Stelling G S, 1984. On the construction of computational method for shallow water flow problem[R]. Rijkswaterstaat Communications, 35.

Stelling G S, Duinmeijer S P A, 2003. A staggered conservative scheme for every Froude number in rapidly varied shallow water flows[J]. International Journal for Numerical Methods in Fluids, 43: 1329 - 1354.

Stelling G S, Kester A M, 1994. On the approximation of horizontal gradients in sigma coordinates for bathymetry with steep bottom slopes[J]. International Journal for Numerical Methods in Fluids, 18: 915 - 935.

Stelling G S, Zijlema M, 2003. An accurate and efficient finite-difference algorithm for non-hydrostatic free-surface flow with application to wave propagation[J]. International Journal for Numerical Methods in Fluids, 43: 1 - 23.

Stoesser T, Salvador G P, Rodi W, et al., 2009. Large eddy simulation of turbulent flow through submerged vegetation[J]. Transport in Porous Media, 78(3): 347 - 365.

Synolakis C E, 1987. The runup of solitary waves[J]. Journal of Fluid Mechanics, 185: 523 - 545.

Thompson J F, Warsi Z U A, Mastin C W, 1985. Numerical grid generation foundation and application[M]. Elsevier Science Publishing.

Tissier M, Bonneton P, Marche F, et al., 2012. A new approach to handle wave breaking in fully non-linear Boussinesq models[J]. Coastal Engineering, 67: 54 - 66.

Titov V V, Synolakis C E, 1995. Modeling of breaking and nonbreaking long-wave evolution and run-up using VTCS - 2 [J]. Journal of Waterway, Port, Coastal, and Ocean Engineering, 121(6): 308 - 316.

Tomé M, Mckee S, 1993. GENSMAC: an updated marker and cell technique for free surface flows in general domains[D]. University of Strathclyde.

Tomé M, Mckee S, 1994. GENSMAC: a computational marker and cell method for free surface flows in general domains[J]. Journal of Computational Physics, 110(1): 171 - 186.

Tsoutsanis P, Antoniadis A F, Jenkins K W, 2018. Improvement of the computational performance of a parallel unstructured WENO finite volume CFD code for implicit large eddy simulation[J]. Computers and Fluids, 173: 157 - 170.

Uijttewaal W, 2005. Effects of groyne layout on the flow in groyne fields: Laboratory experiments[J]. Journal of Hydraulic Engineering, 131(9): 728 - 794.

Uijttewaal W, Lehmann D, van Mazijk A, 2001. Exchange processes between a river and its groyne fields: model experiments [J]. Journal of Hydraulic Engineering, 127 (11):

928 – 936.

Uijttewaal W, van Schijndel S A H, 2004. The complex flow in groyne fields: numerical modelling compared with experiments[C]. Naples: Proceeding of River Flow 2004.

van Reeuwijk M, 2002. Efficient simulation of non-hydrostatic free-surface flow[D]. Delft: Delft University of Technology.

Versteeg H K, Malalasekera W, 1995. An introduction to computational fluid dynamics[M]. Pearson Education Limited.

Wang B, Fringer O B, Giddings S N, et al., 2009. High-resolution simulations of a macrotidal estuary using SUNTANS[J]. Ocean Modelling, 28: 167 – 192.

Wang D, Shao S D, Li S W, et al., 2018. 3D ISPH erosion model for flow passing a vertical cylinder[J]. Journal of Fluids and Structures, 78: 374 – 399.

Wang K H, 1994. Characterization of circulation and salinity change in Galveston Bay[J]. Journal of Engineering Mechanics, 120(3): 557 – 579.

Wei G, Kirby J T, Grilli S T, 1995. Subramanya R. A fully nonlinear Boussinesq model for surface waves. Part I: highly nonlinear unsteady waves[J]. Journal of Fluid Mechanics, 294: 71 – 92.

Wei Z P, Jia Y F, 2014. Non-hydrostatic finite element model for coastal wave processes[J]. Coastal Engineering, 92: 31 – 47.

Weitbrecht V, Uijttewaal W, Jirka G H, 2003. 2D particle tracking to determine transport characteristics in rivers with dead zones [C]. Delft: Proceeding of International Symposium of Shallow Flows.

Witting J M, 1984. A unified model for the evolution of nonlinear water waves[J]. Journal of Computational Physics, 56: 203 – 236.

Yamazaki Y, Kowalik Z, Cheung K F, 2009. Depth-integrated, non-hydrostatic model for wave breaking and run-up[J]. International Journal for Numerical Methods in Fluids, 61: 473 – 497.

Yih C S, Wu T Y, 1995. General solution for interaction of solitary waves including head-on collisions[J]. Acta Mechanica Sinica, 11(3): 97 – 101.

Yin Z F, Durbin P A, 2016. An adaptive DES smodel that allows wall-resolved eddy simulation[J]. International Journal of Heat and Fluid Flow, 62: 499 – 509.

Yue W, Lin C L, Patel V C, 2005. Large eddy simulation of turbulent open-channel flow with free surface simulated by level set method[J]. Physics of Fluids, 17: 1 – 12.

Yue W, Lin C L, Patel V C, 2006. Large-eddy simulation of turbulent flow over a fixed two-dimensional dune[J]. Journal of Hydraulic Engineering, 132(7): 643 – 651.

Zelt J A, 1991. The run-up of nonbreaking and breaking solitary waves [J]. Coastal Engineering, 15: 205 – 245.

Zeng J, Constantinescu G, Blanckaert K, et al., 2008. Flow and bathymetry in sharp open-channel bends: experiments and predictions[J]. Water Resources Research, 44(9).

Zhan J M, Li Y S, 1998. A large eddy simulation turbulence model for the South China Sea [C]. Proc. of 3th Intern. Conf. on Hydrodynamics: 365 – 370.

Zhang J X, Fan X, Liang D F, et al., 2019a. Numerical investigation of nonlinear wave passing through finite circular array of slender cylinders[J]. Engineering Application of Computational Fluid Dynamics, 13(1): 102 - 116.

Zhang J X, Liang D F, Fan X, et al., 2019b. Detached eddy simulation of flow through a circular patch of free-surface-piercing cylinders[J]. Advances in Water Resources, 123: 96 - 108.

Zhang J X, Liang D F, Liu H, 2017. An efficient 3D non-hydrostatic model for simulating near-shore breaking waves[J]. Ocean Engineering, 140: 19 - 28.

Zhang J X, Liang D F, Liu H, 2018. A hybrid hydrostatic and non-hydrostatic numerical model for shallow flow simulations[J]. Estuarine, Coastal and Shelf Science, 205: 21 - 29.

Zhang J X, Sukhodolov A N, Liu H, 2014. Non-hydrostatic versus hydrostatic modelings of free surface flows[J]. Journal of Hydrodynamics, 26(4): 840 - 847.

Zhang J X, Wang J, Fan X, et al., 2019c. Numerical investigation of water wave near-trapping by rigid emergent vegetation[J]. Journal of Hydro-environment Research, 25: 35 - 47.

Zhang J X, Wang J, Fan X, et al., 2020. Detached-eddy simulation of turbulent coherent structures around groynes in a trapezoidal open channel[J]. Journal of Hydrodynamics, 32 (12): 326 - 336.

Zhang J X, Wang X K, Liang D F, et al., 2015. Application of detached-eddy simulation to free surface flow over dunes [J]. Engineering Applications of Computational Fluid Mechanics, 9(1): 556 - 566.

Zhang Z, Fringer O B, Ramp S R, 2001. Three-dimensional, nonhydrostatic numerical simulation of nonlinear internal wave generation and propagation in the South China Sea[J]. Journal of Geophysical Research: Oceans, 116(5).

Zijlema M, Stelling G S, 2005. Further experiences with computing non-hydrostatic free-surface flows involving water waves[J]. International Journal for Numerical Method in Fluids, 48: 169 - 197.

Zong L, Nepf H, 2011. Vortex development behind a finite porous obstruction in a channel [J]. Journal of Fluid Mechanics, 691: 368 - 391.

索引

后记

　　水波的数值模拟研究成果丰硕,模型众多。各种水波模型的差异性来自不同的建模理论基础,而不同的理论框架限制着不同水波模型的适用性。将水波模型分类,其必要性主要来自工程应用的需求及研究能力的限制,如跨洋风浪的传播限于时空尺度,只可能采用相平均模型。描述流体运动的 Navier-Stokes 方程理论上不受限制,即可以用于任何水波运动过程的数学描述。但受计算能力的限制,采用 Navier-Stokes 方程直接模拟水波运动,很多研究对象仅存在理论上的可行性。非静压模型的理论基础为直接的 Navier-Stokes 方程,不受诸如缓坡、弱非线性、弱色散性等水波模型中经常存在的限制条件的制约。

　　非静压模型之所以将其冠以"非静压"之名,是相对静压假定模型而言的。从这一角度而言,非静压模型是静压模型的推广,即舍弃了静压假定这一限制条件。非静压模型从提出伊始,就作为静压模型应用范围的拓展,主要应用在水波运动的数值模拟,如海岸带波浪演化等问题的研究。为了提高对色散水波的模拟精度,同时最大限度地降低计算开销的增加,陆续提出了水深单层模型、水深两层模型。非静压模型依其理论基础,并不限于水波运动的模拟,也可用于地形变化较剧烈、水流绕复杂结构物流动的数值模拟。而对于这类流动的模拟,鉴于非静压模型数值求解过程,采用静压模型的求解作为预估流场值,计算效率较完全的 Navier-Stokes 类模型有所提高。对于高分辨率、高精度的相关水流运动的模拟,如绕结构物等,非静压模型可以获得较好的模拟效果。

　　非静压模型之所以不被视为 Navier-Stokes 类模型,一个原因大概是其发展自静压模型,习惯使然。另一个可能原因是非静压模型目前的应用多限于水波运动领域,没有推广至更一般的流体运动,如水下航行体绕流等。目前非静压模型应用的限制主要来自数值求解方法,包括计算网格垂向分层的设计,静压以及当地水深计算等方面。若舍弃这些数值方面的技术,则会带来其他较难处理的技术问题。如垂向采用非结构化计算网格,则会在依据水深积分的连续性方程求解水位函数的过程中遇到难题。在现有的数值求解技术框架之下,对于淹没结构物绕流等的模拟,采用传统方法(精确刻画固体计算域)较难实现。借鉴相关的流固耦合数值模拟技术,如浸没边界法(IBM),可实现对静止的或运动的流固耦合运动进行数值模拟。泥沙颗粒流或块体运动的模拟可在非静压模型中嵌入诸如离散单元法(DEM)的数值模型加以实现。

充分发挥非静压模型的特点,发展多种流固耦合数值模拟方法,非静压模型在地表环境水流数值模拟方面还有很大的提升空间。